低维晶格的局域振动研究

吕　岿◎著

江西科学技术出版社

江西·南昌

图书在版编目（CIP）数据

低维晶格的局域振动研究 / 吕岿著. -- 南昌 : 江西科学技术出版社，2024. 10. -- ISBN 978-7-5390-9248-5

Ⅰ. TB34

中国国家版本馆CIP数据核字第2024NR9844号

低维晶格的局域振动研究

DIWEI JINGGE DE JUYU ZHENDONG YANJIU

吕　岿　著

出版发行	江西科学技术出版社
社址	南昌市蓼洲街2号附1号 邮编：330009　电话：（0791）86623491　86639342（传真）
印刷	河北万卷印刷有限公司
经销	全国新华书店
开本	710 mm × 1000 mm　1/16
字数	160 千字
印张	11
版次	2024 年 10 月第 1 版
印次	2024 年 10 月第 1 次印刷
书号	ISBN 978-7-5390-9248-5
定价	68.00 元

国际互联网（Internet）地址：http://www.jxkjcbs.com　选题序号：ZK2024274　赣版权登字：-03-2024-353

责任编辑：朱　丽　装帧设计：寒　露

前言

科学技术迅速发展的今天，材料科学领域的研究焦点逐渐转向了尺寸更小、性能更优异的新型材料。其中，低维材料因其独特的物理性质和化学性质受到了广泛关注。这些材料，如纳米线、纳米带和单层原子结构（石墨烯），在电子性能、光学性能和力学性能方面展现出了传统三维材料不具备的优异特性。之所以具备这些独特的性质，是因为低维材料的量子限制效应和表面效应，这些效应极大地影响了材料的电子结构和动力学行为。

本书正是在此背景下对低维晶格的局域振动进行研究。本书致力于深入探讨低维材料晶格的动力学特性，特别是局域振动模式对材料性能的影响。本书通过系统介绍和分析低维晶格振动的基本理论、实验观测技术以及这些振动模式对材料性能的具体影响，为读者构建一个关于低维晶格局域振动研究的知识体系，加深读者对这一新兴领域内容的理解。

第 1 部分从晶体结构及其对称性的基础知识出发，详细讨论了晶格动力学的基本概念，包括电子与原子核运动的分离、线性原子链的振动以及低维晶体振动的特殊性。通过介绍这些内容，读者可以形成对低维晶格振动的基础认识。

第 2 部分主要介绍拉曼光谱学在低维晶格研究中的应用。从拉曼光谱学的基础知识出发，深入探讨了光散射的理论基础、拉曼光谱的实验技术，以及固体拉曼散射的理论基础，旨在为读者展示如何利用拉曼光谱技术来研究低维晶格的局域振动特性。

第 3 部分则聚焦于低维纳米半导体的拉曼光谱学应用，深入分析了低维纳米体系拉曼散射的理论基础、光谱特征，以及样品尺寸、形状、成分和结构等因素对拉曼光谱的影响。该部分不仅介绍了拉曼光谱技术在低维纳米半导体研究中的重要应用，还为未来材料科学的发展提供了新的视角和理论基础。

由于时间仓促和本人知识水平的限制，此书难免有不足之处。在此，作者诚挚地希望读者能够提出宝贵的意见和建议，以促进本书的修订和完善。同时，作者也希望这本专著能够为那些对新兴纳米技术感兴趣的读者提供有价值的信息和启发，推动低维材料研究领域的发展。

目录

第1部分　低维晶格的局域振动基础

第2部分 低维晶格的拉曼光谱学研究

第3部分 低维纳米半导体的拉曼光谱学应用

第1部分　低维晶格的局域振动基础

第 1 章　晶体结构及其对称性

本章探讨了晶体学的基本概念，为理解晶体内部的局域振动特性提供必要的基础知识。本章首先介绍了晶体的宏观特性，如外观形态和几何对称性，其次介绍了晶体的微观结构，解析了原子、分子或离子在三维空间中有序排列形成晶格的过程及其结构特征，最后在晶体的对称操作部分详细讨论了晶体对称性的数学描述，包括旋转、镜面反射和反演等操作，这些对称操作是晶体学研究的核心内容。

1.1　晶体的宏观特性

晶体的宏观特性指晶体在宏观上表现出的各种特征。自古以来，晶体就以其独特外形和结构吸引了人们的注意。自然界中的固体绝大部分呈晶体形态，如矿石、盐晶和雪花，它们有规则的几何形状和光滑的面，与树脂、玻璃等少数非晶体固体的无定形态形成鲜明对比。通过观察晶体的对称性和排列规则，古人开始理解晶体的一些基本特性，进而区分晶体与非晶体。这种区分不仅涉及外观特征，还涉及晶体内部原子、分子或离子有序排列的微观结构特征，开启了人类对物质结构探索的早期篇章。

在自然界和实验室中生长的晶体，无论是在地壳作用下形成的天然矿物，如方解石、食盐和石英，还是在较理想条件下培养的人工晶体，如磷酸二氢钾、硫酸三甘氨酸和 α- 碘酸锂，都展示出了多面体的外形。这些晶体具有共同的特征，即平整的晶面、直的晶棱和锐的顶角，展现出了晶体的对称美和几何规律性。

虽然因生长环境存在差异，单个晶体在具体形状上具有多样性，却遵循着一条基本的几何定律，即面角守恒定律。这条定律揭示了一个深刻的真理：同一种物质的不同晶体，尽管其外部形态可能迥异，但相应晶面之间的夹角保持不变。这意味着，晶体结构的内在对称性和有序性贯穿其生长的每一个阶段，是晶体物质固有的性质，不受外部形态变化的影响。以方解石（$CaCO_3$）为例，不同形态的方解石晶体在同一截面上展示出的 2 个晶面之间夹角恒定不变，为 74° 55′（图 1-1），这一观察结果不仅验证了面角守恒定律的准确性，还有助于人们理解晶体内部结构和外部形态的关系。这种对晶体结构和形态规律性的认识，不仅是矿物学和晶体学研究的基础，还对材料科学、化学以及固体物理等领域的发展产生了深远影响。

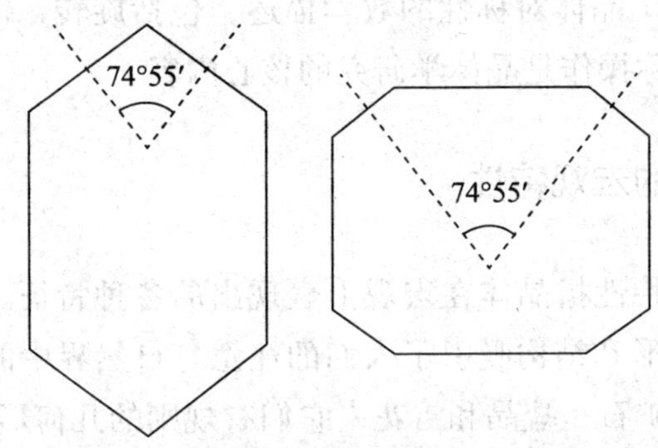

图 1-1　外形不同的 2 个方解石晶体

晶体多面体的第二定律有理指数定律揭示了晶体结构的另一个基本规律。这一定律允许在晶体上任选 3 条不共面的晶棱作为坐标轴，并以 1 个与这 3 个坐标轴都能相交的晶面作为“单位晶面”。将单位晶面与 3 个坐标轴的截距 a、b 和 c 作为坐标轴的量度单位。如果某一晶面与

x、y和z轴分别交于$\frac{a}{h'}$、$\frac{b}{k'}$和$\frac{c}{l'}$处，这个晶面方程式见式 1-1：

$$\frac{x}{a/h'}+\frac{y}{b/k'}+\frac{z}{c/l'}=1 \tag{1-1}$$

令$\frac{x}{a}=X$，$\frac{y}{b}=Y$，$\frac{z}{c}=Z$，即在x、y和z轴上分别以a、b和c为单位长度，则式 1-1 变为式 1-2：

$$h'X+k'Y+l'Z=1 \tag{1-2}$$

人们发现，对晶体上的任何晶面，根据上述方法得到的h'、k'和l'是 3 个有理数，它们可以化成 3 个互质的整数h、k、l。这一规律通常称为有理指数定律。h、k、l 3 个数可作为表征晶面的指数，并把它们写在圆括弧内。对于晶棱，也可以相对于规定的坐标系确定表征它们的指数。为此，做 1 条通过坐标系原点的直线，此直线与晶棱平行。在此直线上取任意点，以a、b和c为单位长度，可确定出此点的坐标数u'、v'和w'，这 3 个有理数可化成 3 个互质的整数u、v和w，作为这一晶棱（或晶向）的指数，并写在方括号内。

晶体的宏观特性包含两种看似矛盾的性质：均匀性和各向异性。从一个角度看，晶体作为一个均匀连续体，整体上表现出相同的性质，体现了一种宏观上的均匀性。这意味着晶体内部结构的有序排列在空间上是连续且一致的，这使晶体的物理或化学性质在不同位置无显著差异。从另一个角度看，晶体的性质随着观测方向的变化而变化，展示出明显的各向异性。这是因为晶体内部原子排列具有方向性，导致其在不同方向上的物理和化学行为呈现出差异。以铁单晶体为例，其磁感应强度不随观测位置变化，显示出均匀性；但根据观测方向的不同，其磁化曲线却表现出明显的差异，即在 [100]、[110] 和 [111] 3 个晶向上的磁化性能不同，体现了各向异性。铁单晶体 [100]、[110] 和 [111] 3 个晶向上的磁化曲线不同，如图 1-2 所示。

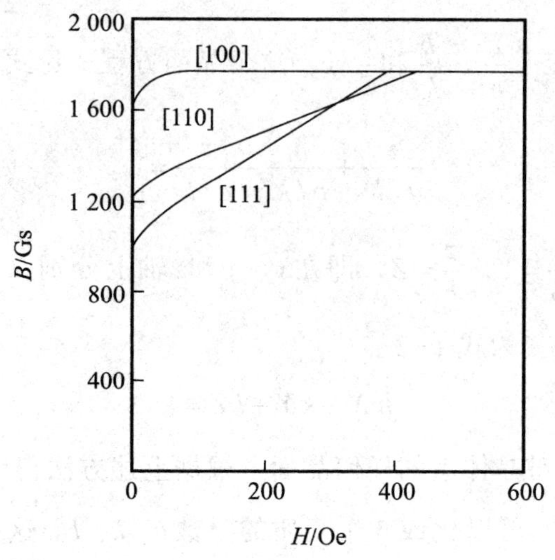

图 1-2 铁单晶体的磁各向异性

晶体的对称性是其最引人注目的特征之一，既体现在其内部物理性质的分布上，又体现在其外部几何形态上。例如，铁单晶体在 [100]、[010] 和 [001]3 个方向上的磁化曲线相同，展示了特定方向上的异向同性。这种性质在不同方向上规律性地重复出现，正是对称性的体现。晶体的这一对称性不仅体现在其外部形态的几何对称上，还体现在其内部结构和物理性质的对称分布上。晶体的对称性与一般物体的对称性存在本质区别。一般物体可能具有任意次数的对称轴，而晶体的对称轴只能是 1 次、2 次、3 次、4 次和 6 次，这与晶体内部原子排列的规律性和周期性直接相关。晶体对称轴的这一特殊性决定了晶体可能存在的形态和结构类型，是晶体学研究中的一个基本准则。

1.2 晶体的微观结构

晶体的宏观特性，包括均匀性、各向异性及其外部形态、内部结构和物理性质上的对称性，根源于其内部粒子的有序排列。X 射线衍射技术的应用揭开了晶体微观结构的神秘面纱，证实了晶体内部无论其外形如何，粒子总是完全规则地排列的。晶体是一个由原子、离子、分子或原子团在三维空间中周期性排列构成的固态物质，其微观结构指的就是晶体中的原子、离子等的具体排列情况。晶体的这种内部有序性是其展现出独特物理性质和化学性质的基础。晶体的各向异性直接源于其内部结构的方向性，不同方向的原子排列差异导致了物理性质随方向变化而变化的特性。晶体的对称性也是由其内部周期性结构决定的，晶体对称轴的存在反映了晶格点在空间中的重复模式。晶体可以以单晶体形式单独存在，展示出清晰的外形对称性和高度的各向异性；也可作为多晶体存在，由许多小的晶体颗粒聚合而成，这种多晶体在宏观上可能显示出更复杂的性质。无论是单晶体还是多晶体，它们的物理性质和化学性质都是由于微观结构的有序排列。

晶体微观结构的周期性分布与图案画中装饰元素的重复具有相似性。在图案画中，一朵花或一个特定的图形作为装饰单位，按照一定的规律在平面上重复出现，形成美观的图案。同样，在晶体这个三维世界中，原子基元扮演着装饰单位的角色，这些基元在空间中以一种有序的方式重复布置，构成了晶体的结构框架。通过与图案装饰元素的重复排列类比，不仅揭示了晶体结构的本质特征，还降低了人们对复杂三维晶格的理解难度。晶体中的基元可以是单个原子、一个离子对、一组分子或更复杂的原子团，它们按照特定的几何模式在三维空间中周期性重复，形成了晶体的基础结构。这种周期性排列决定了晶体的物理性质和化学性质，包括它们的光学特性、电学特性以及热学特性。

通过在每个基元上选取一个代表点，晶体中所有等同的这类点便构成了一个抽象化的数学模型——空间点阵。这个点阵不是物理实体，而是一个理论工具，帮助人们精确描述晶体结构的周期性排列。空间点阵的核心属性是其构成点周围的环境与空间中任何其他点周围的环境完全相同。这意味着，从任一点出发，沿任何方向移动相同的距离，都能精确地遇到另一个等同点。这种性质确保了晶体内部结构的一致性和对称性，使得晶体的物理性质和化学性质在宏观上表现出规律性和可预测性。空间点阵作为一个根据理论构建的模型，虽然与晶体的物理实体不同，

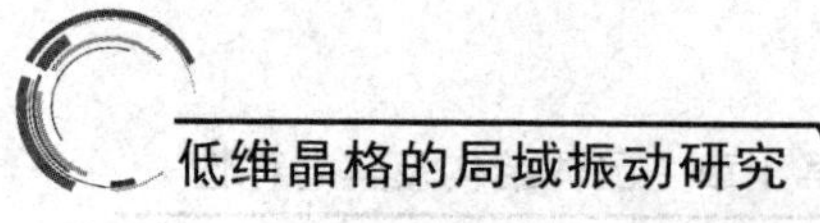

但为理解晶体的内部排列提供了极大的便利。它让人们能够从数学和几何的角度，深入分析和预测晶体的性质。

将空间点阵中的阵点通过直线相连，形成格子，这样的格子称为空间格子（图 1–3）。引入“空间格子”这个概念，目的在于将空间划分为多个平行六面体，即晶胞，以便于描述和理解晶体结构。这种方法使人们能够通过观察和分析单个晶胞来对复杂的三维晶体结构进行全面的理解。晶胞作为晶体结构的基本单元，包含了构成整个晶体的所有必要信息，每个晶胞都是空间点阵特征的完整体现。晶胞在空间点阵中重复出现，形成整个晶体。晶胞中的原子、离子或分子的排列方式直接决定了晶体的物理和化学性质。因此，在研究晶体结构时，通常只需要考察单个晶胞。通过理解一个晶胞中原子或分子的排列，可以推断出整个晶体的结构特性。这种方法简化了对晶体复杂结构的研究，允许科学家们使用晶胞这一基本构建单元，深入探索晶体的微观世界。

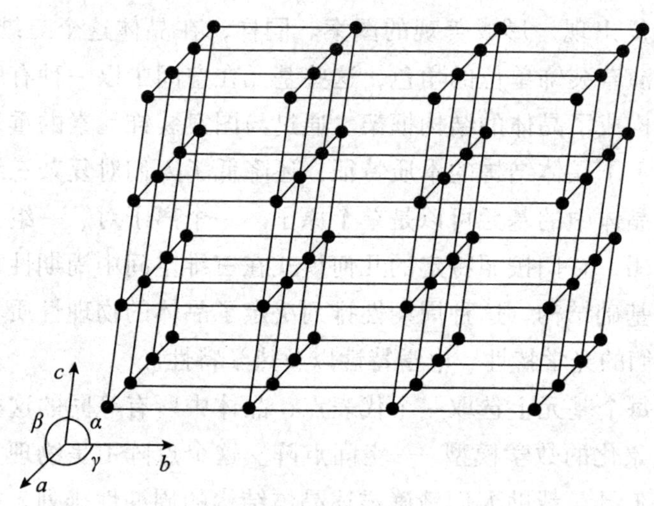

图 1–3　空间格子

晶胞的 3 个棱 a、b、c 以及它们之间的夹角 α、β、γ 称为晶格常数。通常选晶胞的顶点为坐标原点，3 个棱为坐标轴的方向，晶格常数为坐标轴的量度单位。这样空间点阵中任一阵点的位置就可以用坐标数 m、n、p 来描述，如图 1-4 所示。

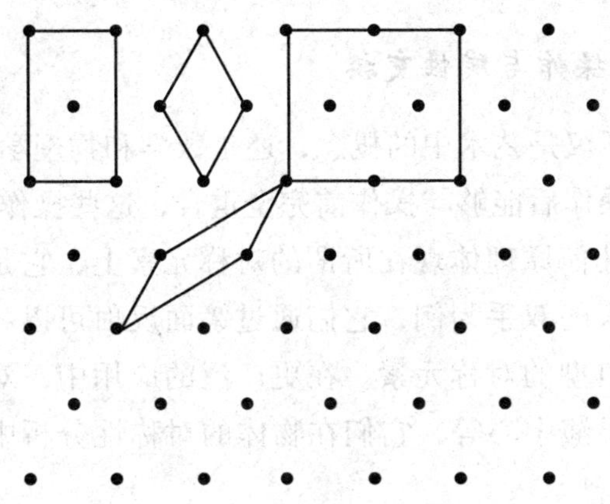

图 1-4　二维点阵中晶胞的选取

在探讨晶体结构时，识别空间阵点和确定晶胞的方法呈现出多样性。这种多样性源于空间格子可以通过不同的连接方式来构建，从而产生各种形状和大小的晶胞。在此，引入“初基晶胞”的概念。初基晶胞也称为原胞，特指只在 8 个顶点上拥有阵点的形式最简单的晶胞。只在 8 个顶点上拥有阵点，意味着每个阵点被相邻的 8 个晶胞共享，实际上每个晶胞对于其任一顶点的“所有权”仅为 1/8。每个初基晶胞恰好有 8 个这样的顶点，因此从计算上看，1 个初基晶胞仅包含 1 个完整的阵点。这种晶胞由于其简单且直观的特性，成为描述晶体结构的重要工具。在同一点阵内，尽管初基晶胞的具体形状可能各不相同，它们的体积却保持不变。因为任何初基晶胞的体积都等于 $\frac{V}{N}$（V 是整个晶体的体积，N 是阵点的数目）。如果晶胞的体积大于 $\frac{V}{N}$，则此晶胞一定不是初基晶胞，因为此晶胞内一定还有阵点存在。为了便于呈现点阵的对称性，常常选择包含多于 1 个阵点的非初基晶胞。

1.3 晶体的对称操作

1.3.1 对称操作与线性变换

对称的概念不仅是艺术中的概念，还是数学和物理学中的基本概念。晶体经过一定的操作后能够与操作前完全重合，这些操作称为对称操作。对称操作背后的几何原理体现在所谓的对称元素上，它是实现对称操作的几何基础。以人的双手为例，它们通过镜面反射可以相互重合，这里的镜面便是一个典型的对称元素。在更广泛的应用中，对称元素包括旋转轴、反射面、反演中心等，它们在物体的对称性分析中起着至关重要的作用。

对称操作是一种线性变换，所谓线性变换是物体中任意两点在变换过程中距离保持不变，空间中的某一点$M(x,y,z)$通过某种操作变换到另一点$M'\left(x',y',z'\right)$，此变换可用矩阵形式表达，见式 1-3：

$$\begin{pmatrix} x' \\ y' \\ z' \end{pmatrix} = \begin{pmatrix} a_{11} & a_{12} & a_{13} \\ a_{21} & a_{22} & a_{23} \\ a_{31} & a_{32} & a_{33} \end{pmatrix} \begin{pmatrix} x \\ y \\ z \end{pmatrix} \tag{1-3}$$

或可将其简写，见式 1-4：

$$\boldsymbol{r}' = \boldsymbol{A}\boldsymbol{r} \tag{1-4}$$

其中，$\boldsymbol{A}$为变换矩阵。因为是线性变换，所以$\boldsymbol{r}$和$\boldsymbol{r}'$的长度应相等，即$x^2+y^2+z^2=x'^2+y'^2+z'^2$。而$x^2+y^2+z^2=\tilde{\boldsymbol{r}}\boldsymbol{r}$，这里$\tilde{\boldsymbol{r}}$为$\boldsymbol{r}$的转置矩阵；$x'^2+y'^2+z'^2=\tilde{\boldsymbol{r}}'\boldsymbol{r}'=(\widetilde{\boldsymbol{A}\boldsymbol{r}})\boldsymbol{A}\boldsymbol{r}=\tilde{\boldsymbol{r}}\widetilde{\boldsymbol{A}}\boldsymbol{A}\boldsymbol{r}$，所以$\tilde{\boldsymbol{r}}\widetilde{\boldsymbol{A}}\boldsymbol{A}\boldsymbol{r}=\tilde{\boldsymbol{r}}\boldsymbol{r}$。其要求见式 1-5：

$$\widetilde{\boldsymbol{A}}\boldsymbol{A}=\boldsymbol{I} \tag{1-5}$$

这里$\boldsymbol{I}$为单位矩阵，由式 1-5 可知，线性变换矩阵的转置矩阵$\widetilde{\boldsymbol{A}}$与它的逆矩阵$\boldsymbol{A}^{-1}$相同，即线性变换矩阵$\boldsymbol{A}$是一个正交矩阵。由式 1-5 还可以得出

$|A|=\pm 1$，即线性变换要求变换矩阵的系数行列式只能取 +1 或 −1 两个值。

1.3.2　宏观对称元素

宏观对称操作在晶体学中占据核心地位，直接影响晶体的外形和宏观性质。这些操作包括旋转、反演和反映以及它们的组合形式，其均能在晶体结构上引发对称的变化，展现出物质内在的规律性。宏观对称元素有 3 种基本的对称元素：旋转轴、反演中心和镜面。

（1）旋转轴

本书以季戊四醇（$C_5H_{12}O_4$）晶体为例，来说明旋转对称操作。该晶体的理想外形如图 1-5 所示，该晶体绕旋转轴转动 $\frac{2\pi}{4}$ 后可复原；转动 2 个、3 个、4 个 $\frac{2\pi}{4}$ 角度后也可使复原。其中，$\frac{2\pi}{4}$ 是能使该晶体复原的最小旋转角度，称为基转角。这个旋转轴称为 4 次旋转轴，可用符号 4 或 C_4 表示；前一种符号为国际符号，后一种为熊夫利斯符号。旋转（或转动）操作有时又被称为真旋转，如图 1-5 所示。

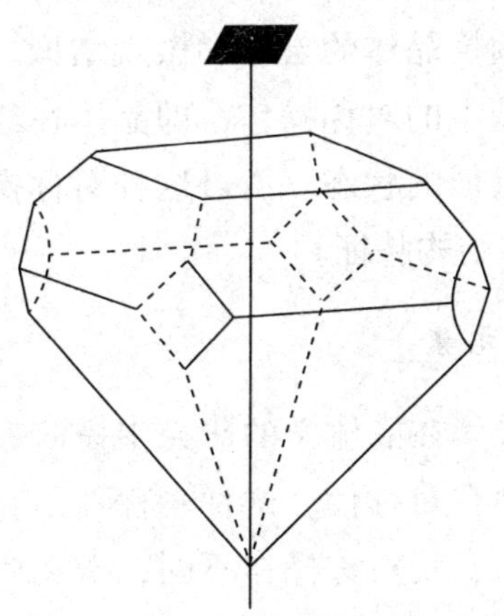

图 1-5　季戊四醇（$C_5H_{12}O_4$）晶体的理想外形

（2）反演轴

与反演轴相应的对称操作是一种复合对称操作。它是将晶体中的所有点都绕轴转动一定角度，再相对于轴上的“原点”进行反演，从而使晶体得到复原。反演轴的轴次也根据基转角来确定，基转角为$2\pi / n$的反演轴称为n次反演轴。晶体中有 1 次、2 次、3 次、4 次和 6 次反演轴，共 5 种，其国际符号分别为$\bar{1}$、$\bar{2}$、$\bar{3}$、$\bar{4}$和$\bar{6}$。反演轴的对称操作被称为非真旋转。

镜面对称操作是晶体学中非常关键的对称元素之一。它涉及晶体中的一个平面，这个平面被称为镜面。在镜面对称操作中，晶体中的每一个点都被映射到镜面的另一侧，与原始点关于镜面对称。这种操作不仅影响晶体的微观结构，还影响其宏观形态，如晶体的外形和表面特性。在物理学和晶体学中，镜面通常被表示为一个垂直于反射操作发生的平面。例如，如果一个晶体结构在某个平面上进行反射操作后可以与其原始状态重合，那么这个平面就是一个镜面。镜面操作是一种非真旋转操作，它不涉及旋转，只涉及反射。镜面对称性是晶体结构分析中的一个重要概念，因为它不仅揭示了物质的内在对称性，还直接与材料的物理性质相关，如光学、电磁和机械性能。此外，科学家和工程师可以利用镜面对称性，预测和调控晶体的宏观和微观结构。镜面的国际符号通常为 m，它代表了一个基本的对称操作，即晶体在经过镜面反射后能够达到与原始状态相同或近似的状态。通过这种对称操作，可以有效地理解和描述晶体的对称性和结构特征。

1.3.3 微观对称元素

微观对称元素和操作在晶体学的研究中扮演着独特的角色，它们描述了晶体微观结构的内在对称性，这种对称性不直接显现在晶体的宏观外形或宏观性质上。与宏观对称操作不同，微观对称操作涉及晶体中的每一个点，被归类为非点式对称操作，反映了晶体内部结构的复杂对称规律。平移操作是微观对称中最基本的形式，其对称元素——平移矢量——定义了晶体中相同结构元素重复出现的周期性距离。在空间点阵中，任意两阵点之间的矢量都可视为平移矢量，而晶胞的 3 个棱边 a、b、c 则是这种平移对称性的基本表现，被称为基本平移矢量或基矢。这种平移操作保证了晶体内部结构的完整重复，是理解晶体周期性排列的关键。除了简单的平移外，微观对称操作还包括更为复杂的形式，如螺旋轴和滑移面。螺旋轴是旋转与平移复合对称操作的结果，指晶体结构在绕某一轴旋转特定角度的同时，沿该轴线进行平移，形成独特的螺旋对称结构；滑移面则是反映与平移的复合操作，晶体结构在某一平面反映的同时，沿该平面的一个方向进行平移，创造了另一种复杂的内部对称性。

1.4　点群

晶体中所含有的全部宏观对称元素至少交于一点，汇聚于一点的全部对称元素的各种组合称为晶体的点群。前面已经介绍了晶体中具有的各种对称元素，其中宏观对称元素有 1、2、3、4、6、$\overline{1}$、$\overline{2}=m$、$\overline{3}=3+\overline{1}$、$\overline{4}$ 和 $\overline{6}=3+m$。这些宏观对称元素都能够在晶体多面体外形或宏观性质上表现出来。有些晶体多面体可能只有 1 个对称元素，如只有 1 个 6 次旋转轴。这个 6 次旋转轴的对称操作有 6 个，对应于绕轴转动 1、2、3、4、5 和 6 个 $\frac{2\pi}{6}$，并分别用符号 C_6^1、C_6^2、C_6^3、C_6^4、C_6^5、C_6^6 表示。其中，C_6^6 为恒等操作，一般恒等操作用符号 E 表示。这 6 个对称操作构成 1 个群，可表示为 $\left\{E,C_6^1,C_6^2,C_6^3,C_6^4,C_6^5\right\}$。

某些晶体多面体可能具有 2 个或 2 个以上的对称元素，如同时存在 1 个 3 次旋转轴和 3 个镜面 m_1、m_2、m_3。这 3 个镜面相交成 60° 夹角，它们的交线就是 3 次旋转轴的方向。3 次轴的对称操作有 E、C_3^1、C_3^2，m_1 镜面的对称操作有 E 和 $\sigma_v(1)$，m_2 镜面的对称操作有 E 和 $\sigma_v(2)$，m_3 镜面的对称操作有 E 和 $\sigma_v(3)$，所以该晶体多面体共有 6 个对称操作，即 E、C_3^1、C_3^2、$\sigma_v(1)$、$\sigma_v(2)$ 和 $\sigma_v(3)$，它们也组成 1 个群，该群用符号 $3m$ 或 C_{3v} 表示。

晶体多面体的对称性质揭示了其结构的宏观对称元素必然存在相交的特性。由于晶体多面体是有限的几何体，其对称性表现在可数的等同部分上，这些部分通过宏观对称操作显现。这些宏观对称操作，如旋转、反映和反演，由于作用于有限空间的晶体多面体，它们定义的对称元素——旋转轴、镜面和反演中心——在空间中不可避免地会相交。例如，前面提到的C_{3v}点群就是这样。在探讨晶体结构的对称性时，当2个镜面相互平行而不相交时，它们通过对称操作会产生无穷多个相互平行且等间距的镜面，形成1个镜面系。这种对称元素系是空间点阵结构特有的，不适用于有限的晶体多面体对称元素系。因此，晶体多面体的对称性限定于宏观对称元素，如旋转轴、反演中心和镜面，这些元素在晶体多面体中必须相交。这种相交性确保了晶体多面体对称性的有限性和可定义性。当晶体多面体同时具备2个或2个以上的对称元素时，这些对称元素的交点定义了晶体对称性的核心，形成了所谓的点群。

1.5 晶系

为了确保晶胞能准确描述晶体的结构特征，晶体学界制定了一套选取晶胞的原则。这套原则强调，选取晶胞时对称性是首要考虑的因素，选取的晶胞不仅要能体现晶体的周期排列特性，还要反映出晶体的对称特性。在确保反映晶体对称性的基础上，晶胞的选择还遵循着尽可能使棱边之间的夹角为直角且体积尽量小的准则。这样的选取方法不仅有利于简化对晶体结构的描述，降低对晶体结构的理解难度，还有助于使晶体的分类标准化。遵循这些原则，晶体可以被划分为7种晶系。晶系是按晶体几何形态的对称程度进行的分类，每个晶系代表了一组具有特定棱边长度和夹角特征的晶胞。

如果晶体中不存在任何宏观对称元素或只存在反演中心，这就是点群为C_1和C_i的情况。它们的晶胞选取不受对称性限制，一般取不共面的3个最短平移矢量作为晶胞的a、b、c棱边。晶胞的棱边特点是$a \neq b \neq c$，$\alpha \neq \beta \neq \gamma$，这样的晶系称为三斜晶系。

在点群为C_2、C_s和C_{2h}的晶体中，将 2 次旋转轴方向或镜面法线方向的最短平移矢量选作晶胞的b。在垂直于b的平面上，将 2 个最短的平移矢量选作晶胞a和c。此时，$a \neq b \neq c$，$\alpha = \gamma = 90°$，$\beta \neq 90°$，这样的晶系称为单斜晶系。

在点群为D_2、C_{2v}和D_{2h}的晶体的空间点阵中，晶胞的a、b和c是 2 次旋转轴方向或镜面法线方向的最短平移矢量。此时，$a \neq b \neq c$，$\alpha = \beta = \gamma = 90°$，这一晶系称为正交晶系。

凡是有 1 条 3 次旋转轴或 3 次反演轴的晶体中，选取 3 次轴关联着的 3 个最短平移矢量为晶胞的a、b和c。此时，$a = b = c$，$\alpha = \beta = \gamma \neq 90°$，这样的晶系称为三方晶系。

凡是有 1 条 4 次旋转轴或 4 次反演轴的晶体中，晶胞的c是 4 次轴方向的最短平移矢量。在垂直于 4 次轴的平面上，将由 4 次轴关联着的 2 个最短平移矢量作为晶胞的a和b。此时，$a = b \neq c$，$\alpha = \beta = \gamma = 90°$，这样的晶系称为四方晶系。

凡是有 1 条 6 次旋转轴或 6 次反演轴的晶体中，晶胞的c是 6 次轴方向最短平移矢量。将与 6 次轴垂直且由 6 次轴关联着的彼此成 120°夹角的 2 个最短平移矢量作为晶胞的a和b。此时，$a = b \neq c$，$\alpha = \beta = 90°$，$\gamma = 120°$，这样的晶系称为六方晶系。

那些具有四面体（T）和八面体点群（O）的晶体中都具有 4 条 3 次轴，可以选取 3 次轴关联着的且相互正交的 3 条 2 次轴或 4 次轴上最短的平移矢量作晶胞的a、b和 c。此时，$a = b = c$，$\alpha = \beta = \gamma = 90°$，这样的晶系称为立方晶系。

1.6　平移群

在晶体学中，平移群是由晶体结构中的每一个格矢（空间点阵中的每一个点）所对应的平移对称操作组成的集合。这些平移操作使晶体在空间中沿某一方向移动而不改变整体结构。任意格矢可表示为式 1-6：

$$t_n = n_1 a + n_2 b + n_3 c \tag{1-6}$$

其中，n_1、n_2、n_3为任意整数。晶体中所有平移矢量构成的群称为平移群。由此可见，平移群与空间点阵是一样的，它们是描述晶体平移对称性（周期性）的两种不同方式。

在晶体学的框架内，空间点阵或平移群被精确地分为 14 种布拉维点阵，这是通过对每个晶系可能的空间点阵类型进行细致考察后得出的结论。晶系的划分基于晶胞的对称性和几何形状，而每个晶系至少对应一种基本的空间点阵，即初基晶胞所代表的点阵，这种晶胞仅在顶点处有阵点。在遵循对称性原则进行晶胞选取时，会发现除了在顶点，阵点还可能存在于晶胞的面心和体心位置，导致非初基晶胞的形成，相应的点阵称为非初基点阵。这些非初基点阵加深了人们对空间点阵类型的理解，提升了结构的多样性。晶胞中除了顶点、面心和体心外，其他位置是不允许出现阵点的。任何额外的阵点位置都将会破坏点阵的周期性，这不符合空间点阵的定义。通过系统地分析每个晶系中可能存在的非初基点阵，晶体学家可以描绘出晶体结构的全貌。

1.6.1 单斜晶系

单斜晶系的对称特点是无高次轴，并且 2 次对称轴和对称面均不多于一个。在单斜晶胞的 **ac** 面内 **a** 和 **c** 已是最短的矢量，所以在 **ac** 面中心不可能添加点阵了。在 **ab** 面和 **bc** 面的中心以及晶胞的体心则可添加阵点，相应的空间点阵分别用符号 *C*、*A* 和 *I* 表示。显然，*C* 和 *A* 点阵是等同的，只要将 **a** 和 **c** 的命名调换一下，点阵的命名也就调换过来了。另外，体心点阵（*I*）和单面心点阵（*C*、*A*）也是等效的，因为只要将体心晶胞的 **a** 和 **c** 用底面对角线 **a+c** 替换，就可以转换为相同对称性和相同体积的单面心晶胞。因此，上述 *C*、*A* 和 *I* 3 种点阵都属于同一种非初基点阵。这样看来，单斜晶系只有 *P* 和 *C* 两种空间点阵。

1.6.2　正交晶系

在正交晶系的晶胞选择中，***a***、***b***、和 ***c*** 作为最短的平移矢量被选来代表 2 次旋转轴或镜面法线的方向。这种选择方法虽然符合对称性的要求，但并不能保证这些矢量在其所在的平面（如 ***ab***、***bc***、***ca*** 平面）上是最短的，更不用说在整个空间点阵中了。为了扩展对称性的表达和增加点阵的复杂性，可以在晶胞的 ***ab***、***bc*** 或 ***ca*** 面的中心添加阵点，分别形成 ***C***、***A*** 和 ***B*** 单面心空间点阵。当在晶胞的所有面中心都添加阵点时，可以形成面心空间点阵，这种点阵以符号 *F* 来表示。如果在晶胞的体心上添加阵点，是体心点阵，用符号 *I* 表示。只在 2 个面中心添加阵点的正交晶胞是不存在的，因为如果有这 2 个阵点的存在，必然在第 3 个面的中心引导出 1 个阵点，这实际上就形成了面心点阵。根据与单斜晶系中所述的理由同样的理由，正交晶胞不可能同时是 C（A、B）和 *I*，或同时是 *F* 和 *I*。所以正交晶系只有 *P*、*C*、*I* 和 *F* 4 种空间点阵。

1.6.3　四方晶系

四方晶系的特征在于其晶胞结构与对称性的独特配置，其中 ***c*** 矢量代表着 4 次轴上的最短平移矢量，这一轴是晶系对称性的核心。而 ***a*** 和 ***b*** 矢量则位于 ***ab*** 平面上，作为该平面上的最短平移矢量，它们之间因 4 次轴的存在紧密关联。这样的结构确保了四方晶系的晶胞在对称性和几何形状上呈现出明确的规律性。在四方晶胞的结构中，由于底面（***ab***）的特殊性质，即被 4 次轴穿过，在该面中心添加阵点会破坏晶胞的对称性，因此这种添加是不被允许的。在这一点上，四方晶胞与单斜晶胞呈现出相似之处，两者都不能在底面中心增加阵点。四方晶胞的独特之处在于其侧面（***bc*** 和 ***ca***）的处理。在四方晶系中，如果一个侧面中心增加了阵点，对称性原则要求另一个侧面中心也必须相应地出现阵点。四方晶胞的体心可以添加阵点，这就是体心空间点阵（*I*）。因此，四方晶系只有 *P* 和 *I* 两种空间点阵。

1.6.4 六方晶系

六方晶系展现了晶体对称性与几何结构之间的独特联系，尤其是通过其晶胞的配置来体现。在六方晶系中，***c*** 矢量沿 6 次轴方向定义了该方向上的最短平移矢量，这一特征揭示了晶胞高度方向的对称性和周期性。同时，***a*** 和 ***b*** 矢量位于 ***ab*** 平面上，作为该平面上的最短平移矢量，体现了晶胞在平面内的对称排列。

根据六方晶系的对称性原则，晶胞的底面（***ab*** 面）中心不应存在阵点。这是因为如果底面中心有阵点，则会破坏晶胞的对称性，导致非期望的对称操作出现。与之类似，晶胞的侧面（***bc*** 和 ***ca*** 面）中心或体心位置也不允许有阵点存在，任何额外的阵点都可能导致晶胞底面中心出现阵点，进而违反六方晶系的对称性原则。

在六方晶系中，仅允许存在初基空间点阵（***P***），这种点阵结构通过晶胞顶点上的阵点来完整描述晶体的周期性和对称性。这一点阵类型的限定不仅凸显了六方晶系结构的特殊性，还体现了晶体学中对于晶胞选择和分类的严谨性。

1.6.5 立方晶系

当考虑在立方晶胞的任意一个面中心添加阵点时，立方晶系的高度对称性导致不但该面必须添加阵点，而且所有其他面的中心也必须添加阵点，以保持晶胞的整体对称性。这种操作结果产生了全面心晶胞，其特征是晶胞的每一个面中心都存在阵点。如果在立方晶胞的某一个面的中心添加阵点，由于对称性的缘故，晶胞就会变为全面心的。因此，只可能有立方面心晶胞（***F***）和立方体心晶胞（***I***）2 种非初基晶胞，所以立方晶系只有 ***P***、***I*** 和 ***F*** 3 种空间点阵。

1.7 空间群

晶体微观结构的对称性由一系列复杂的对称操作构成，这些操作共同形成了所谓的空间群。晶体的基本构成是基元按照空间点阵方式重复排列形成的，空间点阵本身就是一种平移群。因此，在晶体结构的对称操作群中，平移群作为一个基础的子群，始终存在。除了平移操作外，晶体微观结构的对称性还可能包括旋转—平移和反映—平移等非点式对称操作，以及旋转、反演、反映和旋转—反演等点式对称操作。空间群将这些对称操作整合在一起，形成了一套描述晶体微观结构对称性的完整系统。空间群中的对称元素遍布晶体的整个空间，并呈现点阵式结构，这意味着任何一个对称操作不仅能够使晶体结构复原，还能够保证对称元素自身的复原。晶体学家识别了 230 个空间群，这些空间群包含所有可能的晶体微观结构的对称性模式。每一个晶体点群下都包含了若干个空间群，展现了晶体结构多样性和复杂性。

虽然推导 230 个空间群的过程十分复杂，但对空间群的概念、符号、图示和等效点系的理解，对于揭示和分析晶体结构的对称性至关重要。空间群的符号和图示为晶体学研究者提供了一种工具，以便其在不同的晶体结构中识别晶体结构的对称性和应用对称性原则。

1.7.1　空间群的符号

（1）熊夫利斯符号

熊夫利斯符号在晶体学中用于标识空间群，通过在熊夫利斯点群符号上添加一个角标数字来构成。这个角标数字的选取是任意的，其主要功能是区分空间群，而不直接揭示该空间群的平移群特性或包含的对称元素种类。虽然熊夫利斯符号不能提供关于空间群对称性的详细信息，但它在晶体学的实际应用中仍然发挥着重要作用。利用熊夫利斯符号，研究者可以迅速识别出一个空间群所属的点群，这对于理解晶体微观结构的对称性有着直接的帮助。

（2）国际符号

空间群的国际符号由两部分组成，第一部分是大写的拉丁字母，用来表示这个空间群的平移群，即空间点阵；第二部分与点群的国际符号相似，也是表示特定方向的对称元素。例如，C_{2h}^5空间群的国际符号是

$P\frac{2_1}{c}$，P 表示这个空间群的空间点阵是初基的，由 $\frac{2_1}{c}$ 可推导出它的点群。只要将螺旋轴用同轴次的旋转轴代替，而滑移面用镜面代替，就可以得出其点群的国际符号。由此可知，此空间群的点群是 $\frac{2}{m}$（m 是镜面的国际符号），属于单斜晶系。

1.7.2　图示

在表示和理解空间群的对称元素分布时，直观的表示方法显得尤为重要。虽然理想情况下，利用立体图来展示空间群能够直观地反映其三维对称性，但对于复杂的空间群，立体图不仅难以绘制，还难以被理解。因此，在空间群的图示中，采用了将对称元素投影到平面上的方法，以简化表示和理解的过程。这种投影通常采用正投影方式，目的是尽可能地保持对称元素的真实相对位置和分布特征，避免了三维立体图示带来的视觉歧义。在实践中，仅展示单个晶胞内的对称元素就足以展现空间群的基本信息，因为晶胞作为重复单元，包含了整个晶体结构的基本信息。例如，空间群 $P\frac{2_1}{c}\left(C_{2h}^5\right)$ 的图示如图 1-6 所示。

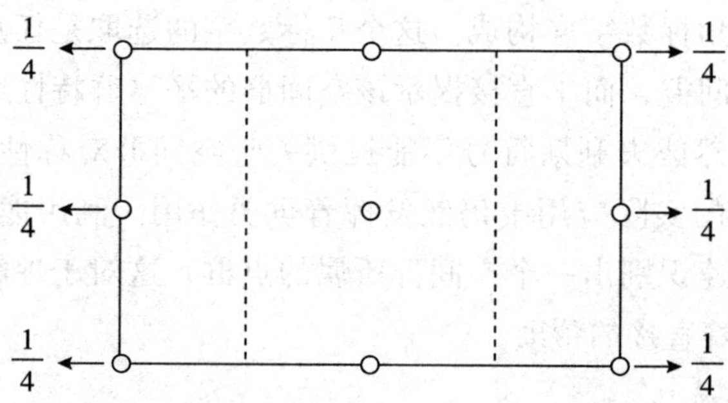

图 1-6　$P\frac{2_1}{c}\left(C_{2h}^5\right)$ 空间群的图示

这是单斜晶胞沿 $\boldsymbol{c}$ 矢量方向的投影，小圆圈表示反演中心；点线表

示 c 滑移面；半箭头表示 2 次螺旋轴，箭头旁注有 $\frac{1}{4}$，用以说明这个 2 次旋转轴在距晶胞底面 $\frac{c}{4}$ 处。在这个晶胞中分布着 27 个反演中心、6 个 2 次螺旋轴和 2 个滑移面。

不过，对于复杂的空间群，即便是采用平面投影图，其绘制和理解仍然存在挑战。

1.7.3　等效点系

在晶体中，由对称操作关联着的点称为等效点，仅平移矢量关联着的点称为等同点。空间群所有对称操作关联着的点构成 1 个等效点系。如果这些等效点是从一个一般起始点（x,y,z）出发得到的，称为一般等效点系，否则称为特殊等效点系。空间群的对称性可以用等效点系来表示。空间群的一般等效点系也可以用图来表示，$P\frac{2_1}{c}(C_{2h}^5)$ 空间群的一般等效点系的图示如图 1-7 所示。

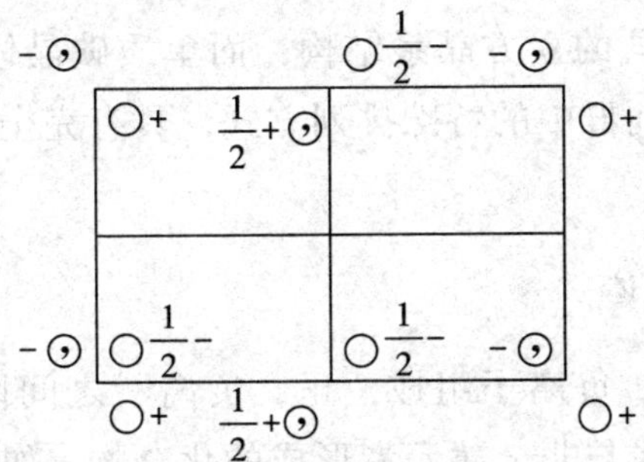

图 1-7　$P\frac{2_1}{c}(C_{2h}^5)$ 空间群的一般等效点系

在空间群图示中，对等效点的表示采用了直观而简洁的方法。等效点通过圆圈表示，这种表示法不仅清晰地指出了点的位置，还通过额外的符号展示了点之间的对称关系。当 2 个点通过反演中心或镜面相联系，形成对映关系时，在相应的圆圈上加上 1 个逗号，这样的标记直接反映了点之间的对称操作联系。为了表达空间群中点相对于投影平面的位置信息，圆圈旁的注记通过加上“+”或“−”来区分。这些符号指明了相对于投影平面，点位于上方或下方，并且这对正负号相反的点离投影平面的距离是相等的。如果在“+”“−”旁还附上分数（$\frac{1}{2},\frac{1}{4}$等），则表明此等效点离投影平面的距离比只标“+”“−”的点还要高或低出分数距离。

1.8 晶体结构举例

虽然晶体学中识别出的空间群数量有限，共230种，但由于原子在这些空间群等效点系中的占据方式极为多样，晶体结构的可能存在的类型实际上是无限的。这种多样性来源于不同元素原子的特性及其在空间群中独特的排列方式，导致即便在相同空间群框架下，也能形成结构各异的晶体。有些晶体在结构上相似，归为同一结构类型，而另一些晶体则因其独特的原子排列方式而独立成类。例如，简单的离子晶体和单质碳晶体就展现了结构的多样性。离子晶体通过离子间的电荷吸引形成稳定结构，如普通食盐的立方晶系结构；而单质碳晶体，如钻石和石墨，因碳原子在不同空间群中的特殊排列方式，具有完全不同的物理性质和化学性质。

1.8.1 离子晶体

离子晶体由正、负离子组成，正、负离子之间以静电库仑力相结合。典型的金属元素与非金属元素形成的化合物，如NaCl、CsCl、ZnS、CaF_2、TiO_2等是离子晶体；一些三元或多元化合物，如尖晶石（Al_2MgO_4）和钙钛矿（$CaTiO_3$）也是离子晶体。这里仅描述几种简单离子晶体的结构。

（1）氯化钠结构

氯化钠（NaCl）晶体结构如图1-8所示。它的空间群是$Fm\bar{3}m$。在氯化钠晶体结构中，钠离子（Na^+）占有 $4a$ 位置，位于 $(0,0,0)$、$\left(0,\frac{1}{2},\frac{1}{2}\right)$、$\left(\frac{1}{2},0,\frac{1}{2}\right)$ 和 $\left(\frac{1}{2},\frac{1}{2},0\right)$。氯离子（$Cl^-$）位于 $4b$ 位置，即位于 $\left(\frac{1}{2},\frac{1}{2},\frac{1}{2}\right)$、$\left(\frac{1}{2},0,0\right)$、$\left(0,\frac{1}{2},0\right)$ 和 $\left(0,0,\frac{1}{2}\right)$。在每个离子周围均有 6 个最近邻的异性离子（配位数为 6）。绝大多数碱金属卤化物、碱金属氧化物和硫化物具有氯化钠型结构。

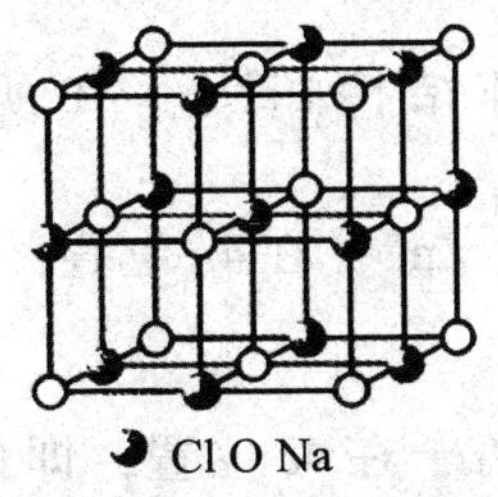

图 1-8　NaCl 晶体结构

（2）氯化铯结构

氯化铯（CsCl）晶体结构如图 1-9 所示。它的空间群是 $Fm\bar{3}m$。铯离子（Cs^+）在 $1a$ 位置，位于 $(0,0,0)$。在氯化铯晶体结构中，氯离子（Cl^-）在 $1b$ 位置，即位于 $\left(\frac{1}{2},\frac{1}{2},\frac{1}{2}\right)$。此晶体也可以看成由 1 个铯离子立方晶格和氯离子的立方晶格交错而成，铯离子位于氯离子立方晶格的中心，反之亦然。因此，每个离子的配位数为 8。具有氯化铯结构的化合物有铯的卤化物（CsF 除外）、TlCl 和 $K(SbF_6)$、$[Be(H_2O)]SO_4$ 等络合物。

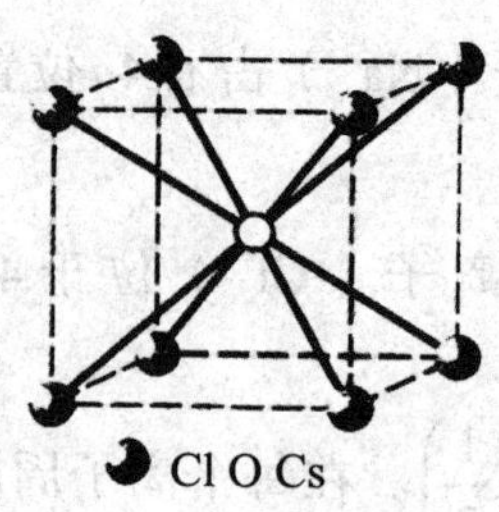

图 1-9　CsCl 晶体结构

（3）闪锌矿结构

闪锌矿（ZnS）晶体结构如图 1-10 所示，其空间群为 $F\bar{4}3m$。在这种结构中，锌离子（Zn^{+}）在 $4a$ 位置，即位于 $(0,0,0)$、$\left(0,\frac{1}{2},\frac{1}{2}\right)$、$\left(\frac{1}{2},0,\frac{1}{2}\right)$ 和 $\left(\frac{1}{2},\frac{1}{2},0\right)$；硫离子在 $4c$ 位置，即位于 $\left(\frac{1}{4},\frac{1}{4},\frac{1}{4}\right)$、$\left(\frac{1}{4},\frac{3}{4},\frac{3}{4}\right)$、$\left(\frac{3}{4},\frac{1}{4},\frac{3}{4}\right)$ 和 $\left(\frac{3}{4},\frac{3}{4},\frac{1}{4}\right)$。每个离子均被最邻近的异性离子构成的四方体包围着，所以每个离子的配位数是 4。半导体材料砷化镓（GaAs）也具有闪锌矿晶体结构。

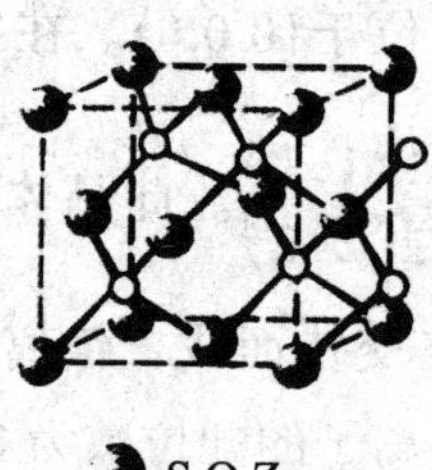

图 1-10　ZnS 晶体结构

（4）萤石结构

萤石（CaF_2）晶体结构如图 1-11 所示。萤石和氯化钠一样，也具有 $Fm\bar{3}m$ 空间群，主要差别在于离子的占位不同。在萤石晶体结构中，钙离子占有 $4a$ 位置，而氟离子占有 $8c$ 位置。每个氟离子被最邻近的 4 个钙离子（Ca^{2+}）以四面体方式配位，所以阴离子的配位数是 4，而阳离子的配位数为 8。许多金属（如 Cd、Hg、Pb、Sr、Ba）的氟化物、镧系和锕系元素的二氟化物具有这种结构。

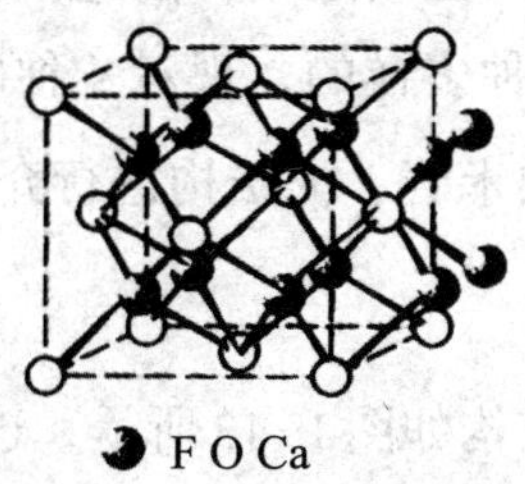

图 1-11　CaF_2 晶体结构

（5）金红石结构

金红石（TiO_2）晶体结构如图 1-12 所示，它的空间群为 $P4_2/mnm$。在此晶体结构中，钛离子占据 $2a$ 位置，位于 $(0,0,0)$、$\left(\frac{1}{2},\frac{1}{2},\frac{1}{2}\right)$；氧离子占据 $4f$ 位置，位于 $(0.31,0.31,0)$、$(0.69,0.69,0)$、$\left(0.81,0.91,\frac{1}{2}\right)$、$(0.81,0.19,0)$ 和 $\left(0.19,0.81,\frac{1}{2}\right)$。每个钛离子都被 6 个氧离子构成的八面体包围着，所以钛离子的配位数是 6，而氧离子的配位数是 3。

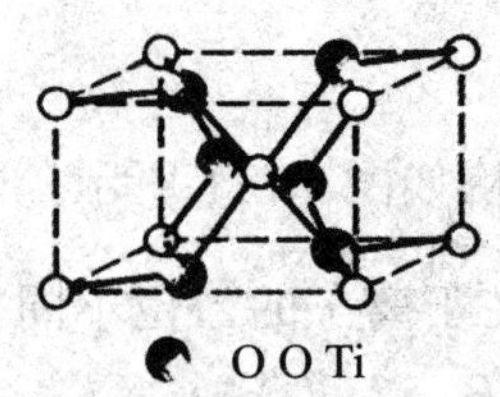

图 1-12　TiO_2 晶体结构

1.8.2　单质碳晶体结构

碳是自然界中最重要的元素之一，由它参加形成的化合物种类最多。单质碳存在的形式也是多种多样的，现对 4 种碳的同素异构体（金刚石、石墨、C_{60}固体和单壁碳纳米管）的结构进行介绍。

（1）金刚石

金刚石（C）的晶体结构如图 1-13 所示，这种结构的空间群是$Fd3m$。在金刚石中，碳原子都位于$8a$位置，每个碳原子都被其他 4 个碳原子包围，这 4 个碳原子构成 1 个正四面体，这是由碳原子的sp^3杂化轨道的空间分布所决定的。在金刚石中碳原子之间是靠共价键结合起来的。单质硅（Si）和锗（Ge）也具有金刚石结构。

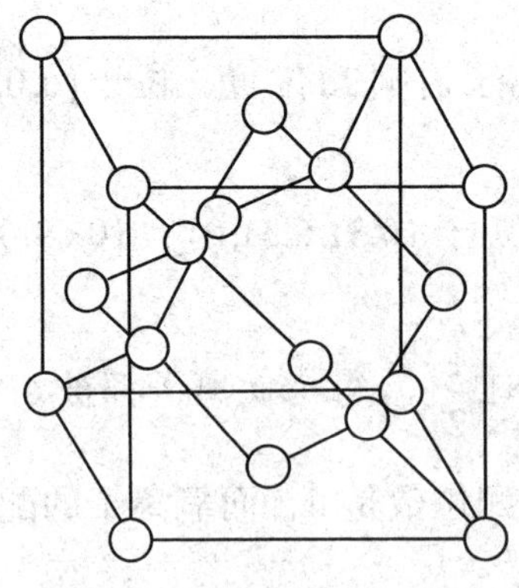

图 1-13　金刚石晶体结构

（2）石墨

石墨（C）的晶体结构如图1-14所示，这种结构的空间群是$P6_3/mmc$。在每个六方初基晶胞中包含 4 个碳原子，它们位于$(0,0,0)$、$\left(0,0,\frac{1}{2}\right)$、$\left(\frac{2}{3},\frac{1}{3},0\right)$和$\left(\frac{1}{3},\frac{2}{3},\frac{1}{2}\right)$。在石墨晶体中，碳原子通过$sp^2$杂化形成 3 个共价键。依靠这些共价键，碳原子结合在一起，构成六角蜂巢状的碳原子平面，而碳原子平面之间靠范德瓦耳斯键结合，所以石墨的晶体结构是典型的层状结构。

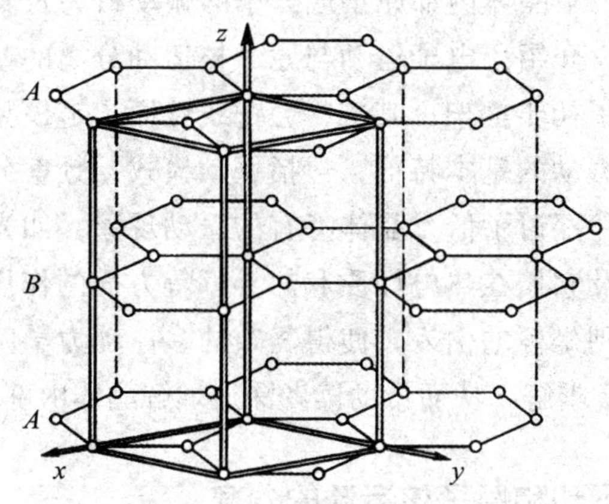

图 1-14　石墨的晶体结构

第2章　晶格动力学基础

本章深入探讨了晶体内部原子或分子的振动行为及其对晶体物理性质的影响。首先，介绍了电子运动与原子核运动分离的基本原理，为理解晶格振动提供了初步框架；其次，通过线性原子链模型，详细阐述了一维晶格中原子振动的基本特征，包括振动模式、频率分布及其对声子谱的贡献；再次，探讨了低维晶体特有的振动现象，如光学声子和声学声子的概念，以及它们在热电性质和热导率等方面的作用；最后，本章还详细讨论了正则坐标的引入，使得复杂的多体动力学问题能够简化为独立振子问题进行求解，从而帮助读者深入理解晶体内部的动力学行为。

2.1　电子运动和原子核运动的分离

晶体可以看成是由大量电子和原子核组成的，原子核在晶体内呈周期性排列，并在其平衡位置附近作热运动；电子也在晶体中运动。因此，晶体是一个多粒子体系，其状态可以用波函数$\Psi(\boldsymbol{r}, \boldsymbol{X})$来描述，它是电子坐标$\boldsymbol{r}$和原子核坐标$\boldsymbol{X}$的函数。晶体系统的波函数作为薛定谔方程的解，揭示了系统的量子态和能量本征值。然而，面对复杂的多粒子晶体系统，薛定谔方程的严格求解变得极为困难，必须依赖于近似方法。玻恩和奥本海默提出了一种划时代的近似求解方法，使得这一问题得以解决。通过玻恩－奥本海默近似，晶体中电子的运动与原子核的运动被分开考虑，从而简化了问题。这一近似的基础在于原子核质量远大于电子的质量，导致原子核运动速度相对较慢。这样，在分析电子运动时，可假设原子核固定不动，为电子提供了一个静态的势场。当探讨原子核的运动时，由于电子质量轻，它们能迅速适应原子核的位置变化，使得原子核运动时，电子能够绝热地跟随，电子状态不发生显著改变。这种处理方法极大地简化了晶体系统的量子力学描述，使得电子的运动和原子核运动能够分开研究。可见，玻恩 - 奥本海默近似，也就是绝热近似，是研究复杂量子系统（如晶体）的一个强有力的工具。

绝热近似通过将晶体的总哈密顿量进行分解，实现了对电子运动和原子核运动的分离处理。这种方法将晶体系统的总哈密顿量表示为所有粒子的动能和势能之和，进而分为电子部分和原子核部分。可以把它简写成式 2-1：

$$\hat{H} = -\sum_{N} \frac{\hbar^2}{2M_N} \nabla_N^2 + \hat{H}_E(\boldsymbol{r}, \boldsymbol{X}) \tag{2-1}$$

在式 2-1 中，$\hat{H}$ 为晶体系统的总哈密顿量，$-\sum_{N} \frac{\hbar^2}{2M_N} \nabla_N^2$为全部原子核的动能，$M_{\mathrm{N}}$为原子核的质量，$\hat{H}_E(\boldsymbol{r}, \boldsymbol{X})$为全部电子的动能和总相互作用势能，总相互作用势能包括电子与电子、电子与原子核以及原子核与原子核的库仑相互作用。

绝热近似允许先忽略上式总哈密顿量中的第 1 项，求解电子运动的薛定谔方程，见式 2-2：

$$\hat{H}_E(\boldsymbol{r}, \boldsymbol{X}) \varphi_n(\boldsymbol{r}, \boldsymbol{X}) = E_n(\boldsymbol{X}) \varphi_n(\boldsymbol{r}, \boldsymbol{X}) \tag{2-2}$$

上式中的$\varphi_n(\boldsymbol{r}, \boldsymbol{X})$和$E_n(\boldsymbol{X})$分别为电子波函数和能量本征值，它们都包含作为参量的原子核坐标$\boldsymbol{X}$。计算式 2-2 时，原子核好像静止在某一瞬时位置。

现在重新考虑原子核的运动，考虑电子处于波函数$\varphi_n(\boldsymbol{r}, \boldsymbol{X})$描写的能量状态$E_n(\boldsymbol{X})$，并假设在原子核运动过程中电子的状态不变，这样就可

以把总的波函数 $\Psi(\boldsymbol{r},\boldsymbol{X})$ 写成乘积的形式，见式 2-3：

$$\Psi(\boldsymbol{r},\boldsymbol{X})=\varphi_n(\boldsymbol{r},\boldsymbol{X})\chi(\boldsymbol{X}) \tag{2-3}$$

其中，$\chi(\boldsymbol{X})$ 是描述原子核运动的波函数。整个晶体系统的薛定谔方程为式 2-4，式 2-5：

$$\left[-\sum_N \frac{\hbar^2}{M_N}\nabla_N^2+\hat{H}_E(\boldsymbol{r},\boldsymbol{X})\right]\varphi_n(\boldsymbol{r},\boldsymbol{X})\chi(\boldsymbol{X})=E\varphi_n(\boldsymbol{r},\boldsymbol{X})\chi(\boldsymbol{X}) \tag{2-4}$$

上式第 1 项中的

$$\nabla_N^2\varphi_n(\boldsymbol{r},\boldsymbol{X})\chi(\boldsymbol{X})=2\nabla_N\chi(\boldsymbol{X})\nabla_N\varphi_n(\boldsymbol{r},\boldsymbol{X})+\chi(\boldsymbol{X})\nabla_N^2\varphi_n(\boldsymbol{r},\boldsymbol{X})+\varphi_n(\boldsymbol{r},\boldsymbol{X})\nabla_N^2\chi(\boldsymbol{X}) \tag{2-5}$$

考虑到电子的运动总是能跟得上原子核的运动，所以电子波函数是一个随原子核坐标慢变化的函数，因此 $\nabla_N\varphi_n(\boldsymbol{r},\boldsymbol{X})$ 和 $\nabla_N^2\varphi_n(\boldsymbol{r},\boldsymbol{X})$ 是很小的，所以

$$2\nabla_N\chi(\boldsymbol{X})\nabla_N\varphi_n(\boldsymbol{r},\boldsymbol{X})+\chi(\boldsymbol{X})\nabla_N^2\varphi_n(\boldsymbol{r},\boldsymbol{X})\ll\varphi_n(\boldsymbol{r},\boldsymbol{X})\nabla_N^2\chi(\boldsymbol{X})$$

则式 2-5 可近似为

$$\nabla_N^2\varphi_n(\boldsymbol{r},\boldsymbol{X})\chi(\boldsymbol{X})=\varphi_n(\boldsymbol{r},\boldsymbol{X})\nabla_N^2\chi(\boldsymbol{X}) \tag{2-6}$$

将式 2-6 代入式 2-4 可得

$$\left[-\sum_N \frac{\hbar^2}{M_N}\nabla_N^2+E_n(\boldsymbol{X})\right]\chi_\nu(\boldsymbol{X})=E_{n,\nu}\chi_\nu(\boldsymbol{X}) \tag{2-7}$$

式 2-7 是描述原子核运动的薛定谔方程，其中 $\hbar$ 是约化普朗克常数，$E_n(\boldsymbol{X})$ 为电子处于 n 态的能量本征值，它在原子核运动的薛定谔方程中起着势能的作用，所以定义，见式 2-8：

$$E_n(\boldsymbol{X})=\Phi(\boldsymbol{X}) \tag{2-8}$$

由式 2-2 和式 2-7 可知，在绝热近似下，原子核运动和电子运动可以分开考虑。首先，在原子核固定于某一位置的情况下求解电子的薛定谔方程式 2-2；其次，在电子某一定态能量决定的有效势场 $E_n(\boldsymbol{X})=\Phi(\boldsymbol{X})$

中，求解原子核运动的薛定谔方程式 2-7。前一问题就是电子运动论，后一问题就是晶格动力学。

2.2　线性原子链的振动

本节着重介绍晶体的线性模型，即由两种不同原子构成的线性双原子链模型。这个模型不仅提供了一个相对简单的振动问题解决方案，还能够全面展示晶格振动的基本属性。通过分析这种双原子链的振动模式，可以深入理解晶格振动的本质，为进一步探讨三维晶体中的晶格振动奠定基础。这种方法不仅有助于人们理解晶格振动对晶体物理性质的影响，也有助于人们从理论上理解更复杂系统中的相似现象。

2.2.1　运动方程

线性双原子链如图 2-1 所示，晶格常数为 a，每个原胞包含 2 个原子，质量分别为 M_1、M_2，2 个原子之间的距离为 $\frac{a}{2}$。假设共有 N 个原胞，第 m 个原胞中，质量为 M_1 的原子的标记为 $(m,1)$，其位移表示为 $u(m,1)$；质量为 M_2 的原子的标记为 $(m,2)$，其位移表示为 $u(m,2)$。

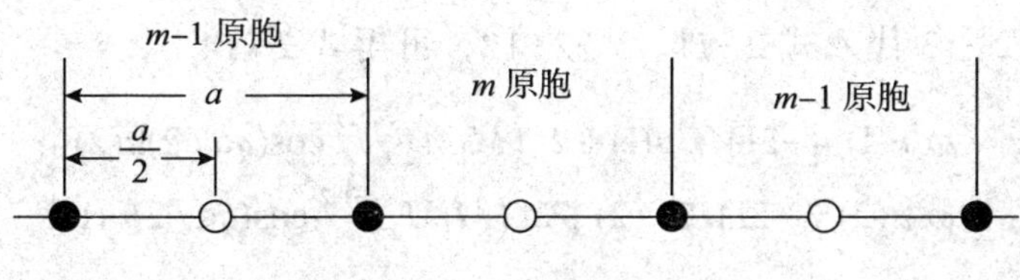

图 2-1　线性双原子链

假设原子只能沿链方向运动，并且每个原子只受 2 个相邻原子的作用力。只考虑平方势能，则势能计算见式 2-9：

$$\Phi_2 = \frac{1}{2} \mathrm{f} \sum_{m=1}^{N} \left\{ [u(m,1) - u(m,2)]^2 + [u(m,2) - u(m+1,1)]^2 \right\} \qquad (2-9)$$

式中：f 为力常数。而动能计算见式 2-10：

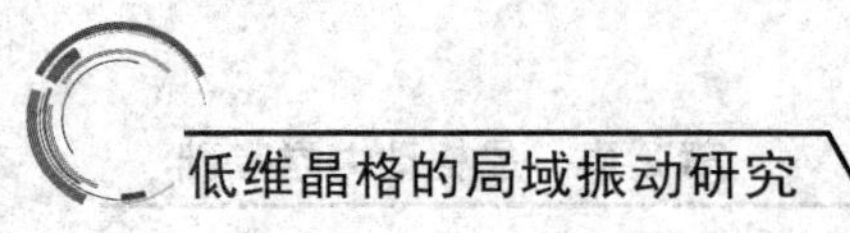

$$T=\frac{1}{2}\sum_{m=1}^{N}\left[M_1\dot{u}(m,1)^2+M_2\dot{u}(m,2)^2\right] \tag{2-10}$$

$(m,1)$原子受到$(m-1,2)$原子的作用力为$\mathrm{f}[u(m-1,2)-u(m,1)]$，$(m,1)$原子受到$(m,2)$原子的作用力为$\mathrm{f}[u(m,1)-u(m,2)]$，则$(m,1)$原子受到的总作用力是$\mathrm{f}[-2u(m,1)+u(m,2)+u(m-1,2)]$，所以$(m,1)$原子的运动方程为式 2-11：

$$M_1u(m,1)=\mathrm{f}[-2u(m,1)+u(m,2)+u(m-1,2)] \tag{2-11}$$

通过类似方法，可得（$(m,2)$）原子的运动方程，见式 2-12：

$$M_2u(m,2)=\mathrm{f}[-2u(m,2)+u(m,1)+u(m+1,1)] \tag{2-12}$$

由于力场的周期性，如果不考虑位相上的差别，等同原子应具有相同的简谐运动，所以具有行波解，见式 2-13：

$$\left.\begin{aligned}u(m,1)&=M_1^{-1/2}u(1)\mathrm{e}^{\mathrm{i}[\omega t-qm\mathrm{a}]}\\u(m,2)&=M_2^{-1/2}u(2)\mathrm{e}^{\mathrm{i}[\omega t-q(m+1/2)a]}\end{aligned}\right\} \tag{2-13}$$

这个行波就是所谓的格波，$M_1^{-1/2}u(1)$和$M_2^{-1/2}u$为振幅，等同原子的振幅都是相同的；ω为角频率；$\boldsymbol{q}$为波矢，$\boldsymbol{q}=\dfrac{2\pi}{\lambda}$，$\lambda$为波长。

将式 2-13 代入式 2-11、式 2-12，可得式 2-14：

$$\left.\begin{aligned}-\omega^2u(1)&=-2\mathrm{f}M_1^{-1}u(1)+2\mathrm{f}\left(M_1M_2\right)^{-1/2}\cos(\boldsymbol{q}\mathrm{a}/2)u(2)\\-\omega^2u(2)&=-2\mathrm{f}M_2^{-1}u(2)+2\mathrm{f}\left(M_1M_2\right)^{-1/2}\cos(\boldsymbol{q}\mathrm{a}/2)u(1)\end{aligned}\right\} \tag{2-14}$$

式 2-14 是以$u(1)$和$u(2)$为未知数的齐次线性方程，它有解的条件为系数行列式等于 0，即式 2-15：

$$\begin{vmatrix}2\mathrm{f}M_1^{-1}-\omega^2 & -2\mathrm{f}\left(M_1M_2\right)^{-1/2}\cos(\boldsymbol{q}a/2)\\-2\mathrm{f}\left(M_1M_2\right)^{-1/2}\cos(\boldsymbol{q}a/2) & 2\mathrm{f}M_2^{-1}-\omega^2\end{vmatrix}=0 \tag{2-15}$$

由式 2-15 得到一个决定ω^2的方程，由此方程求得ω^2的 2 个解，见式 2-16：

$$\omega_{\pm}^{2}(\boldsymbol{q}) = f\left(M_1 M_2\right)^{-1}\left\{\left(M_1 + M_2\right) \pm \left[M_1^2 + M_2^2 + 2M_1 M_2 \cos(\boldsymbol{q}a)\right]^{1/2}\right\} \quad (2-16)$$

频率ω必须是正值，所以每个ω^2只给出一个ω值。因此，对应一个$\boldsymbol{q}$值，有 2 个振动频率ω_+和ω_-，相应于两类格波：ω_+的格波称为光学波；ω_-的格波称为声学波。

将$\boldsymbol{q}$换成$-\boldsymbol{q}$，$\cos(\boldsymbol{q}a)$的值不变，所以由式 2-16 可得$\omega_{\pm}(\boldsymbol{q}) = \omega_{\pm}(-\boldsymbol{q})$。再将$\boldsymbol{q}$换成$\boldsymbol{q} + \frac{2\pi}{a}$，$\cos(\boldsymbol{q}a)$的值也不变，所以$\omega_{\pm}(\boldsymbol{q}) = \omega_{\pm}\left(\boldsymbol{q} + \frac{2\pi}{a}\right)$，即$\omega_{\pm}(\boldsymbol{q})$是波矢的周期函数，其周期为$\frac{2\pi}{a}$，因此只考虑 0 到$\frac{2\pi}{a}$之间的$\boldsymbol{q}$即可。

具有N个原胞的有限长的线性原子链两端的原子是奇异的，因为它们只有 1 个近邻原子。为了克服这个困难，把有限长的线性原子链看成无限长线性原子链的一部分，而无限长线性原子链是重复有限长线性原子链得到的。这样对于式 2-13 的格波来说，$u(m,j)$和$u(m+N,j)$有相同的位相，因此要求$e^{-i\boldsymbol{q}Na}=1$，这就是所谓的循环边界条件。由循环边界条件可得$\boldsymbol{q}Na = 2\pi n$，此处$n$为整数，所以波矢$\boldsymbol{q}$只能取值式 2-17：

$$\boldsymbol{q} = \frac{2\pi n}{Na} \quad (2-17)$$

因此，在 0 到$\frac{2\pi}{a}$之间，$\boldsymbol{q}$只能取N个不同的值，对应于$n = 0,1,2,\cdots,N-1$。相邻的$\boldsymbol{q}$值都是等间隔的，间距为$\frac{2\pi}{Na}$。

可以将光学波和声学波的色散关系$\omega_{\pm}(\boldsymbol{q})$描绘在布里渊区（$\frac{-\pi}{a} \leqslant \boldsymbol{q} \leqslant \frac{\pi}{a}$）内，如图 2-2 所示。光学波和声学波的色散曲线分别称为光学支和声学支。

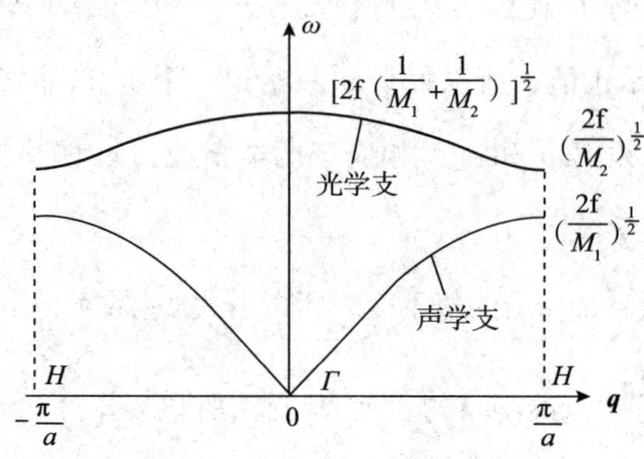

图 2-2　线性双原子链格波的色散曲线 $\left(M_1 > M_2\right)$

2.2.2　正则坐标

这里只考虑线性单原子链晶格振动的正则坐标的确定。在线性单原子链中，原子的位移$u(m)$是周期性的，其周期为Na，$u(m+N)=u(m)$。所以可以将原子位移展开成傅里叶级数，见式 2-18：

$$u(m)=(MN)^{-1/2}\sum^{l}Q(\boldsymbol{q})\mathrm{e}^{-\mathrm{i}qma} \qquad (2\text{-}18)$$

式 2-18 中的总和是对布里渊区中的N个波矢进行的。由于原子位移$u(m)$是实数，式 2-18 的总和中，每一对$\boldsymbol{q}$和$-\boldsymbol{q}$的项都应为共轭复数：

$$\left[Q(\boldsymbol{q})\mathrm{e}^{-\mathrm{i}qma}\right]^{*}=Q(-\boldsymbol{q})\mathrm{e}^{\mathrm{i}qma}$$

只有这样才能保证$u(m)$为实数，所以得式 2-19：

$$Q^{*}(\boldsymbol{q})=Q(-\boldsymbol{q}) \qquad (2\text{-}19)$$

在式 2-19 中，$Q^{*}(\boldsymbol{q})$表示$Q(\boldsymbol{q})$的复共轭。对式 2-18 进行逆变换，在其两边乘$\mathrm{e}^{\mathrm{i}q'ma}$，然后对$m$求和，可得式 2-20：

$$\sum_m u(m)\mathrm{e}^{\mathrm{i}q'ma} = (MN)^{-1/2}\sum_q Q(\boldsymbol{q})\sum_m \mathrm{e}^{\mathrm{i}(q'-q)ma} \tag{2-20}$$

在式 2-20 中，$\mathrm{e}^{\mathrm{i}q'ma}$用于表示波动或振荡的相位因子。由式 2-17 可知$\boldsymbol{q}=\frac{2\pi n}{Na}$，$\boldsymbol{q}'=\frac{2\pi n'}{Na}$，所以

$$\sum_m \mathrm{e}^{\mathrm{i}(q'-q)ma} = \sum_m \mathrm{e}^{\mathrm{i}2\pi(n'-n)m/N} = \mathrm{e}^{\mathrm{i}2\pi(n'-n)/N}\frac{1-\mathrm{e}^{\mathrm{i}2\pi(n'-n)}}{1-\mathrm{e}^{\mathrm{i}2\pi(n'-n)/N}}$$

当 $n'\neq n$ 时，上式右端为 0；只有当 $n'=n$ 时，才不为 0，且有 $\mathrm{e}^{\mathrm{i}2\pi(n'-n)/N}\frac{1-\mathrm{e}^{\mathrm{i}2\pi(n'-n)}}{1-\mathrm{e}^{\mathrm{i}2\pi(n'-n)/N}}=N$

故得式 2-21：

$$\sum_m \mathrm{e}^{\mathrm{i}(q'-q)ma} = N\delta_{q,q'}\quad \delta_{q,q'}=\begin{cases}0,\ 当\ \boldsymbol{q}'\neq\boldsymbol{q}\\ 1,\ 当\ \boldsymbol{q}'=\boldsymbol{q}\end{cases} \tag{2-21}$$

于是，由式 2-20 可得式 2-22：

$$Q(\boldsymbol{q})=\left(\frac{M}{N}\right)^{1/2}\sum_m u(m)\mathrm{e}^{\mathrm{i}qma} \tag{2-22}$$

在式 2-22 中，M 和 N 是常数，代表系统中粒子的数量。将式 2-22 对时间进行两次微商，得到$\ddot{Q}(\boldsymbol{q})$的运动方程，式 2-23：

$$\ddot{Q}(\boldsymbol{q})=\left(\frac{M}{N}\right)^{1/2}\sum_m \ddot{u}(m)\mathrm{e}^{\mathrm{i}qma} \tag{2-23}$$

在式 2-23 中，$\ddot{Q}(\boldsymbol{q})$是一个复数形式的傅立叶变换后的位移，$\ddot{u}$是位置 m 处原子的加速度，即原子位移 u 关于时间的二次导数。由以上可得式 2-24：

$$\ddot{u}(m)=\frac{\mathrm{f}}{M}\left[-2u(m)+u(m)\mathrm{e}^{\mathrm{i}qu}+u(m)\mathrm{e}^{-\mathrm{i}qu}\right] \tag{2-24}$$

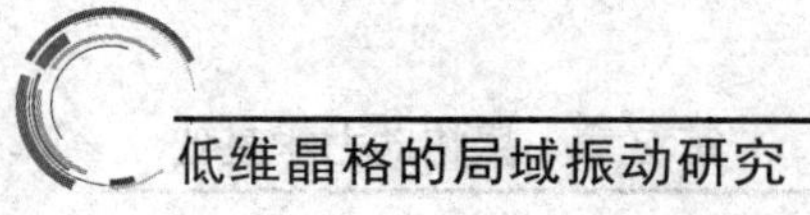

将上式代入式 2-23，并考虑到式 2-22，可得式 2-25：

$$\begin{aligned}\ddot{Q}(\boldsymbol{q}) &= \left(\frac{M}{N}\right)^{1/2}\frac{\mathrm{f}}{M}\sum_{m}u(m)\mathrm{e}^{\mathrm{i}qma}\left[\mathrm{e}^{\mathrm{i}qu}+\mathrm{e}^{-\mathrm{i}qu}-2\right] \\ &= -\frac{4\mathrm{f}}{M}\sin^{2}\left(\frac{\boldsymbol{q}a}{2}\right)Q(\boldsymbol{q})\end{aligned} \tag{2-25}$$

再根据式 2-23，可得简谐振子的运动方程式 2-26：

$$\dot{Q}(\boldsymbol{q})+\omega^{2}Q(\boldsymbol{q})=0 \tag{2-26}$$

势能可按式 2-27 计算：

$$\Phi_{2}=\frac{1}{2}\mathrm{f}\sum_{m}\left[u(m)-u(m+1)\right]^{2} \tag{2-27}$$

可得式 2-28：

$$\Phi_{2}=\frac{1}{2}\frac{\mathrm{f}}{MN}\sum_{q}\sum_{q'}Q(\boldsymbol{q})Q\left(\boldsymbol{q}'\right)\times\left[1-\mathrm{e}^{-\mathrm{i}qa}\right]\left[1-\mathrm{e}^{-\mathrm{i}q'a}\right]\sum\mathrm{e}^{-\mathrm{i}\left(\boldsymbol{q}+\boldsymbol{q}'\right)ma} \tag{2-28}$$

得式 2-29：

$$\begin{aligned}\Phi_{2} &= \frac{1}{2}\frac{\mathrm{f}}{M}\sum_{q}\sum_{q'}Q(\boldsymbol{q})Q\left(\boldsymbol{q}'\right)\left(1-\mathrm{e}^{-\mathrm{i}qa}\right)\left(1-\mathrm{e}^{-\mathrm{i}q'a}\right)\delta_{-\boldsymbol{q},\boldsymbol{q}'} \\ &= \frac{1}{2}\sum_{q}Q(\boldsymbol{q})Q(-\boldsymbol{q})\left[4\frac{\mathrm{f}}{M}\sin^{2}\left(\frac{\boldsymbol{q}a}{2}\right)\right]\end{aligned} \tag{2-29}$$

得式 2-30：

$$\Phi_{2}=\frac{1}{2}\sum_{q}\omega^{2}(\boldsymbol{q})Q(\boldsymbol{q})Q(-\boldsymbol{q})=\frac{1}{2}\sum_{q}^{N}\omega^{2}(\boldsymbol{q})Q^{2}(\boldsymbol{q}) \tag{2-30}$$

动能可按式 2-31 计算：

$$
\begin{aligned}
T &= \frac{1}{2}\sum_{m} M\dot{u}(m)^2 \\
&= \frac{1}{2}\sum_{m} M(MN)^{-1/2}\sum_{\boldsymbol{q}} Q(\boldsymbol{q})\mathrm{e}^{-\mathrm{i}qma} \times (MN)^{-1/2}\sum_{\boldsymbol{q}'} Q\left(\boldsymbol{q}'\right)\mathrm{e}^{-\mathrm{i}q'ma} \\
&= \frac{1}{2N}\sum_{\boldsymbol{q}}\sum_{\boldsymbol{q}'} Q(\boldsymbol{q})\dot{Q}\left(\boldsymbol{q}'\right)\sum_{m}\mathrm{e}^{-\mathrm{i}\left(q-q'\right)ma} \qquad (2-31) \\
&= \frac{1}{2}\sum_{\boldsymbol{q}}\sum_{\boldsymbol{q}'} \dot{Q}(\boldsymbol{q})\dot{Q}\left(\boldsymbol{q}'\right)\delta_{-\boldsymbol{q},\boldsymbol{q}} \\
&= \frac{1}{2}\sum_{\boldsymbol{q}}^{N} \dot{Q}^2(\boldsymbol{q})
\end{aligned}
$$

在式 2-31 中，$\boldsymbol{q}'$代表晶格中的波矢（或波向量）的一个特定分量或修正，$\dot{Q}$代表原子速度。于是，线性单原子链晶格振动的总能量可按式 2-32 计算：

$$
E = T + \Phi_2 = \frac{1}{2}\sum_{\boldsymbol{q}}^{N}\left[\hat{Q}^2(\boldsymbol{q}) + \omega^2(\boldsymbol{q})Q^2(\boldsymbol{q})\right] \qquad (2-32)
$$

上式中每个$\boldsymbol{q}$相应的项代表一个谐振子的能量，一共有N个独立的谐振子，$Q(\boldsymbol{q})$是描写这种谐振子的复数正则坐标。由此可见，正则坐标使晶格振动分解为一些彼此独立的简谐振子，并使势能和动能的表达式化简为平方和的形式。

由此，可以进一步得到实数正则坐标，把复数正则坐标写成式 2-33：

$$
Q(\boldsymbol{q}) = \frac{1}{\sqrt{2}}[A(\boldsymbol{q}) + \mathrm{i}B(\boldsymbol{q})] \qquad (2-33)
$$

在式 2-33 中，A代表晶格振动的振幅，i是虚数单位，$B(\boldsymbol{q})$表示另一个与$\boldsymbol{q}$有关的物理量的虚部。考虑到式 2-19，可得式 2-34：

$$
Q(-\boldsymbol{q}) = \frac{1}{\sqrt{2}}[A(\boldsymbol{q}) - \mathrm{i}B(\boldsymbol{q})] \qquad (2-34)
$$

式 2−30 和式 2−31 中$A(q)$和$B(q)$为实数，为实数正则坐标，由式 2−33 和式 2−34 可知式 2−35：

$$\begin{aligned} A(q) &= A(-q) \\ B(q) &= -B(-q) \end{aligned} \tag{2-35}$$

因此，实数正则坐标只有一半是独立的。

2.3 低维晶体的振动

探讨低维晶体的振动是理解这类材料物理性质的关键。低维晶体，包括一维纳米线、二维层状材料（如石墨烯）以及零维量子点，由于具有独特的几何结构，展现出与传统三维晶体截然不同的振动特性。这些特性不但对材料的热性能、电学性能、光学性能有深刻影响，而且对纳米科技和新材料开发也有深刻影响。

2.3.1 一维纳米线的振动

一维纳米线作为当今纳米科技领域的一个重要研究对象，因其独特的几何结构和相应的物理性质而备受关注。这类材料由于长度远大于直径，其振动特性主要沿线的轴向展开，展现出与传统三维晶体截然不同的特性。纳米线的这一特性，尤其是其声学声子与光学声子模式之间的相互作用，对理解和应用材料的热电性能至关重要。

在一维纳米线中，声学声子模式主要负责热能的传递，而光学声子模式则涉及更高能级的振动状态，这两种模式之间的相互作用对纳米线的物理性质有着深刻的影响。纳米线由于横向尺寸受到限制，表面原子在总原子数中占据了较大的比例，这不仅使声子的色散关系发生变化，还使热导率与体相材料也有显著不同。这种不同是因为表面原子与内部原子相比，更易于散射声子，从而影响热能的传导效率。进一步量化分析，可以发现纳米线中声子的群速度和散射机制对其热电性能的重要作用。声子的群速度决定了热能传输的速率，而散射机制则影响了声子传播的距离和方向，两者共同影响了纳米线的热导性能。在纳米线中，由于尺寸效应和表面效应的双重作用，声子的散射过程与体相材料相比，发生了本质的变化，这些变化反映在声子的平均自由程和热导率上。特别是，当纳米线尺寸减小到与声子平均自由程相当时，声子的边界散射将变得更为显著，导致热导率的进一步降低。

纳米线的声子散射还受到其材料成分、结晶质量、表面粗糙度等因素的影响。例如，掺杂和缺陷的引入可以进一步增加声子的散射，而表面修饰和功能化则能够调控表面原子对声子散射的贡献。通过精确控制这些因素，可以实现对纳米线热电性能的优化。

2.3.2　二维层状材料的振动

二维层状材料，以石墨烯为代表，因其独特的单层原子厚度结构而在材料科学领域引发了广泛关注。这类材料的振动特性，尤其是光学声子模式，对其电子性质具有深远的影响，是理解和优化材料性能的关键因素。石墨烯的振动谱，包括其丰富的光学声子模式和声学声子模式，是探究电子—声子相互作用、电导率以及光学响应的重要工具。

石墨烯的光学声子模式，尤其是在布里渊区中心的 G 点附近的长波长振动，直接影响电子的散射过程，进而影响石墨烯的电子迁移率。电子与这些振动模式的相互作用，不仅影响了石墨烯在室温下的导电性能，还影响了其在不同温度和外界条件下的性能变化。此外，声子散射过程对于石墨烯等二维材料的热传导性能也起着决定性作用。在石墨烯中，声子是主要的热载体，其传播和散射特性直接影响材料的热导率。由于石墨烯有极高的热导率，研究其声子散射机制对开发高效热管理设备具有重要意义。对于多层二维材料，层间作用对振动特性的影响变得尤为显著。在多层石墨烯或其他二维层状材料中，层间剪切模式和层间呼吸模式等振动模式的存在，体现了层与层之间的相互作用。这些模式对多层材料的热、电性能以及机械性能产生了很大影响。例如，层间剪切模式涉及层与层之间相对滑动的振动，而层间呼吸模式则描述了层与层之间相对于垂直方向的振动。掌握这些振动模式的特性对于理解和设计具有特定功能的多层二维材料至关重要。

2.3.3 零维量子点的振动

量子点作为一种典型的零维纳米材料，由于尺寸极小，通常为几纳米到几十纳米，展现出独特的量子限域效应。这种效应不仅改变了量子点的电子性质，还显著影响了其声子行为，进而对量子点的热物理性质和光学性质产生了深远的影响。

量子限域效应使得量子点内部的电子能级从连续状态变为离散状态，类似于原子的能级。与此同时，声子模式也受到限域的影响，其振动模式变得量化。在宏观固体中，声子可以被视为连续的波动模式，而在量子点中，由于尺寸极小，只允许特定的振动模式存在。这导致量子点的拉曼谱出现明显的离散峰，与体材料相比，这些峰的位置和形状都有显著的差异。由于量子点的尺寸非常小，表面原子在总原子数中占据的比例很高，这使得表面效应对于量子点的声子行为能产生非常重要的影响。表面原子与内部原子相比，其振动受到更大的空间限制，且与外界环境的相互作用也更加显著。这种表面振动模式对量子点的拉曼散射光谱有着重要影响，通常表现为特定的拉曼活性模式，这些模式的出现与量子点的表面状态紧密相关。

在热物理性质方面，量子限域效应和表面效应共同导致量子点的热容和热导率与其尺寸密切相关。在低温下，量子点的热容随温度的升高而非线性增加，这一点与宏观固体的线性德拜模型截然不同。此外，量子点中声子的散射机制也因尺寸减小而变得复杂，影响着量子点的热导率。这些特性使得量子点在低温物理、热电材料等领域具有潜在的应用价值。在光电器件和传感器的设计中，量子点的声子特性对其光吸收和发射过程具有显著影响。声子与电子的相互作用不仅影响了量子点的光发射效率，还影响了发射光谱的线宽和峰位。通过精确控制量子点的尺寸和形状，可以调节其声子行为，从而实现对量子点光学性质的定向调控。这为开发新型量子点光电器件和高灵敏度传感器提供了广阔的设计空间。

2.3.4 振动模式与材料性质的关系

低维晶体材料，包括纳米线、量子点和二维材料等，因其独特的量子限域效应和表面效应，展现出与体相材料截然不同的物理性质。这些性质在很大程度上受到材料内部振动模式，即声子的影响。声子作为晶格振动的量子，不仅参与材料的热传导过程，还影响电子的运动和与光的相互作用，因此对低维晶体的振动模式进行精确控制，可以实现对其物理性质的调控和优化。

声子谱的特性直接影响材料的热传导性能。在低维材料中，由于尺寸和表面效应，声子的散射机制与体相材料存在显著差异，导致其热导率通常低于相应的体相材料。例如，纳米线和二维材料的边界散射和表面粗糙度可以显著抑制声子的传播，从而降低热导率。通过对材料尺寸、形状以及表面状态的精细调控，可以有效调节声子的散射过程，实现对热传导性能的优化。这一策略对于设计高效的热电材料具有重要意义。

振动模式对材料的电导率也有重要影响。在低维材料中，电子－声子相互作用是影响电导率的关键因素之一。声子可以散射载流子，影响其迁移率，进而影响材料的电导率。通过调节声子模式，如通过掺杂或引入缺陷来改变声子的分布和强度，减少电子—声子散射，提高载流子的迁移率，从而改善材料的电导性。

低维晶体的振动模式还直接影响其光学性能。声子与光子的相互作用，如拉曼散射和红外吸收，是决定材料光学性质的重要因素。特定的声子模式可以使材料具有特定的光谱特征，通过调控声子模式，可以实现对材料光吸收和发射性能的调节。例如，通过构建异质结或调整量子点的尺寸，可以改变声子模式，从而调节光谱的发射峰位置，这对于开发新型光电器件和光催化材料具有重要价值。

通过引入缺陷、掺杂或构建异质结等方式，不仅可以调节声子的散射和分布，还可以引入新的振动模式，或者改变现有模式的能量和强度。这些策略为调控低维晶体的物理性质提供了更多的可能性。例如，掺杂可以引入局域振动模式，改变材料的热传导性能和电传导性能；而构建异质结不仅可以改变声子的传播路径，还可以引入界面模式，影响材料的光学性能和热电性能。

2.4 正则坐标

正则坐标是用来简化计算和描述物理系统的坐标体系，本书主要介绍复数正则坐标和实数正则坐标。

2.4.1 复数正则坐标

在考虑 N 个原胞组成的有限大实际晶体时，晶格势能函数需要适当调整以考虑循环边界条件。这意味着相邻晶胞之间的相互作用需要被限制在一个有限的区域内，以模拟无限大晶体中的无限远效应。因此，需要将原本的发散表达式修正为在有限范围内有效的函数式 2-36：

$$\Phi_2 = \frac{1}{2}\sum_{mj\alpha}^{N}\sum_{pk\beta}^{\infty}\Phi_{\alpha\beta}(mp,jk)u_{\alpha}(m,j)u_{\beta}(p,k) \tag{2-36}$$

在式 2-36 中，Φ_2表示修正后的状态函数，$\Phi_{\alpha\beta}(mp,jk)$代表两个不同状态之间的相互作用，$\boldsymbol{u}_{\alpha}(m,j)$和$\boldsymbol{u}_{\beta}(p,k)$表示某种状态向量。其中第 1 个总和只限于实际晶体中的 N 个原胞；第 2 个总和符号上的∞，则表明考虑到循环边界条件，对原胞指数p的总和可以超出实际晶体中的 N 个原胞。引入简约位移，得式 2-37：

$$\boldsymbol{w}(m,j) = M_j^{1/2}\boldsymbol{u}(m,j) \tag{2-37}$$

在式 2-37 中，$\boldsymbol{w}(m,j)$表示一个依赖于索引m和j的函数，$M_j^{1/2}$表示M_j的平方根，$\boldsymbol{u}(m,j)$表示一个依赖于m和j的函数。式 2-36 变成式 2-38：

$$\Phi_2 = \frac{1}{2}\sum_{mja}^{N}\sum_{pb\beta}\left(M_jM_k\right)^{-1/2}\Phi_{a\beta}(mp,jk)w_{\alpha}(m,j)w_{\beta}(p,k) \tag{2-38}$$

简约位移和位移一样，在空间中是有周期性的。因此，可以将简约位移展开成傅里叶级数，见式 2-39：

$$w_{\alpha}'(m,j)=N^{-1/2}\sum W_{\alpha}(j,\boldsymbol{q})\mathrm{e}^{-\mathrm{i}\boldsymbol{q}\cdot\boldsymbol{x}(m)} \tag{2-39}$$

在式 2-39 中，$w_{\alpha}'(m,j)$表示一个依赖于索引的m和j的函数，式中$W_a(j,\boldsymbol{q})$是复变量，称为动力学变量。因为简约位移是实数，所以动力学变量必须满足以下条件，见式 2-40：

$$W_a^{*}(j,\boldsymbol{q})=W_a(j,-\boldsymbol{q}) \tag{2-40}$$

在式2-40中，$W_a^{*}(j,\boldsymbol{q})$代表$W_a(j,\boldsymbol{q})$的复共轭。将式2-39代入式2-38可得式 2-41：

$$\varPhi_2=\frac{1}{2}\sum_{\boldsymbol{q}'}^{N}\sum_{ja}\sum_{k\beta}W_{\alpha}\left(j,-\boldsymbol{q}'\right)W_{\beta}\left(k,\boldsymbol{q}'\right)\left(M_jM_k\right)^{-1/2}\sum_{b}\varPhi_{\alpha\beta}(b,jk)\mathrm{e}^{\mathrm{i}\boldsymbol{q}'\cdot t_b} \tag{2-41}$$

上式推导中利用了式 2-40，可得式 2-42：

$$\varPhi_2=\frac{1}{2}\sum_{\boldsymbol{q}}^{N}\sum_{ja}\sum_{k\beta}F_{a\beta}(jk,\boldsymbol{q})W_{\alpha}^{*}(j,\boldsymbol{q})W_{\beta}(k,\boldsymbol{q}) \tag{2-42}$$

将 3s 个动力学变量构成一个列矩阵$W(\boldsymbol{q})$，可写成式 2-43：

$$\varPhi_2=\frac{1}{2}\sum_{\boldsymbol{q}}^{N}W^{+}(\boldsymbol{q})F(\boldsymbol{q})W(\boldsymbol{q}) \tag{2-43}$$

现在引入一新变量$\boldsymbol{Q}_r(\boldsymbol{q})(r=1,2,\cdots,3s)$，得式 2-44：

$$W_{\alpha}(j,\boldsymbol{q})=\sum_{r}d_{\alpha}(j,\boldsymbol{q}r)\boldsymbol{Q}_r(\boldsymbol{q}) \tag{2-44}$$

或写成式 2-45：

$$W(\boldsymbol{q})=d(\boldsymbol{q})Q(\boldsymbol{q}) \tag{2-45}$$

$d(\boldsymbol{q})$为本征矢的 3s 阶方阵，$\boldsymbol{Q}(\boldsymbol{q})$为 3$s$ 个$\boldsymbol{Q}_r(\boldsymbol{q})$构成的列矩阵。

将式 2-45 代入式 2-40，可得式 2-46：

$$\varPhi_2=\frac{1}{2}\sum_{\boldsymbol{q}}^{N}\boldsymbol{Q}^{+}(\boldsymbol{q})d^{+}(\boldsymbol{q})F(\boldsymbol{q})d(\boldsymbol{q})\boldsymbol{Q}(q) \tag{2-46}$$

式 2-46 又可写成式 2-47：

$$\Phi_2 = \frac{1}{2}\sum_{\boldsymbol{q}}^{V}\sum_{r}^{3s}\omega_r^2(\boldsymbol{q})\boldsymbol{Q}_r^*(\boldsymbol{q})\boldsymbol{Q}_r(\boldsymbol{q}) \tag{2-47}$$

由此可见，变量$\boldsymbol{Q}_r(\boldsymbol{q})$是描写晶格振动的复数正则坐标。

2.4.2　实数正则坐标

晶格振动的哈密顿函数为式 2-48：

$$\begin{aligned} H &= T + \Phi_2 \\ &= \frac{1}{2}\sum_{\boldsymbol{q}}^{N}\sum_{r}^{3s}\left[\dot{\boldsymbol{Q}}_r^*(\boldsymbol{q})\dot{\boldsymbol{Q}}_r(\boldsymbol{q}) + w_r^2(\boldsymbol{q})\boldsymbol{Q}_r^*(\boldsymbol{q})\boldsymbol{Q}_r(\boldsymbol{q})\right] \end{aligned} \tag{2-48}$$

利用拉格朗日函数$L = T - \Phi_2$，可以计算复数正则坐标的共轭动量，为了量子化这个哈密顿函数描述的振子系统，应采用实数正则坐标，因为量子力学的可观察量都是实数。

当$\boldsymbol{q} = 0$时，复数正则坐标$\boldsymbol{Q}_r(0)$是实数。当$\boldsymbol{q} \neq 0$时，可以把复数正则坐标写成式 2-49：

$$\boldsymbol{Q}_r(\boldsymbol{q}) = 2^{-1/2}\left[\boldsymbol{Q}_{1r}(\boldsymbol{q}) + \mathrm{i}\boldsymbol{Q}_{2r}(\boldsymbol{q})\right] \tag{2-49}$$

因为$\boldsymbol{Q}_r(-\boldsymbol{q}) = \boldsymbol{Q}_r^*(\boldsymbol{q})$，可得式 2-50：

$$\boldsymbol{Q}_r(-\boldsymbol{q}) = 2^{-1/2}\left[\boldsymbol{Q}_{1r}(\boldsymbol{q}) - \mathrm{i}\boldsymbol{Q}_{2r}(\boldsymbol{q})\right] \tag{2-50}$$

在式 2-50 中，$\boldsymbol{Q}_r(-\boldsymbol{q})$表示一个依赖于波矢$-\boldsymbol{q}$的傅立叶分量，$2^{-1/2}$是一个归一化系数，$\boldsymbol{Q}_{1r}(\boldsymbol{q})$和$\boldsymbol{Q}_{2r}(\boldsymbol{q})$为实数，被定义为实数正则坐标。当$\boldsymbol{q}$改为$-\boldsymbol{q}$，由式 2-49 可得式 2-51：

$$\boldsymbol{Q}_r(-\boldsymbol{q}) = 2^{-1/2}\left[\boldsymbol{Q}_{1r}(-\boldsymbol{q}) + \mathrm{i}\boldsymbol{Q}_{2r}(-\boldsymbol{q})\right] \tag{2-51}$$

上式与式 2-14 比较，可得式 2-52：

$$\boldsymbol{Q}_{1r}(\boldsymbol{q}) = \boldsymbol{Q}_{1r}(-\boldsymbol{q}), \boldsymbol{Q}_{2r}(\boldsymbol{q}) = -\boldsymbol{Q}_{2r}(-\boldsymbol{q}) \tag{2-52}$$

所以这些实数的正则坐标只有一半是独立的。

再看哈密顿函数的表达式，$\boldsymbol{q}$项和$-\boldsymbol{q}$项是相等的，可以把它们合并在一起，只对波矢 $\boldsymbol{q}$ 的一半求总和，然后把这些合并在一起的项用实数正则坐标表示，这样哈密顿函数就变为式 2–53：

$$H=\frac{1}{2}\sum_{q\neq 0}^{\prime}\sum_{r}^{3s}\sum_{\lambda=1,2}\left[\boldsymbol{Q}_{\lambda r}^{2}(\boldsymbol{q})+w_{r}^{2}(\boldsymbol{q})\boldsymbol{Q}_{\lambda r}^{2}(\boldsymbol{q})\right]+\frac{1}{2}\sum_{r}^{3s}\left[\boldsymbol{Q}_{r}^{2}(0)+w_{r}^{2}(0)\boldsymbol{Q}_{r}^{2}(0)\right] \quad (2\text{–}53)$$

在式 2–53 中，$\sum\limits_{q\neq 0}^{\prime}$ 表示对非零波矢 $\boldsymbol{q}$ 进行主值求和；$\sum\limits_{r}^{3_s}$ 表示求和是对 r 从 1 到 $3s$ 进行，其中 s 是系统中独立粒子，3 表示每个粒子关联的空间自由度；$\sum\limits_{\lambda=1,2}$ 表示求和覆盖两种可能的状态；$\boldsymbol{Q}_{\lambda r}^{2}(\boldsymbol{q})$ 表示与波矢 $\boldsymbol{q}$、模式 λ 和索引 r 相关的广义坐标；$w_{r}^{2}(\boldsymbol{q})$ 表示依赖于波矢 $\boldsymbol{q}$ 和索引 r 的频率的平方；$\boldsymbol{Q}_{r}^{2}(0)$ 表示 $\boldsymbol{q}=0$ 时，r 模式下的广义坐标的第二分量。上式中 $\boldsymbol{q}$ 的总和符号上加一撇表示只考虑波矢的一半。

2.5　碳纳米管的声子色散曲线

声子色散曲线可以描述声子在特定方向上的能量与动量之间的关系，是理解晶格振动规律的重要图像。在此，主要介绍碳纳米管的声子色散曲线。

二维石墨的布里渊区是六边形，如图 2–3 所示。

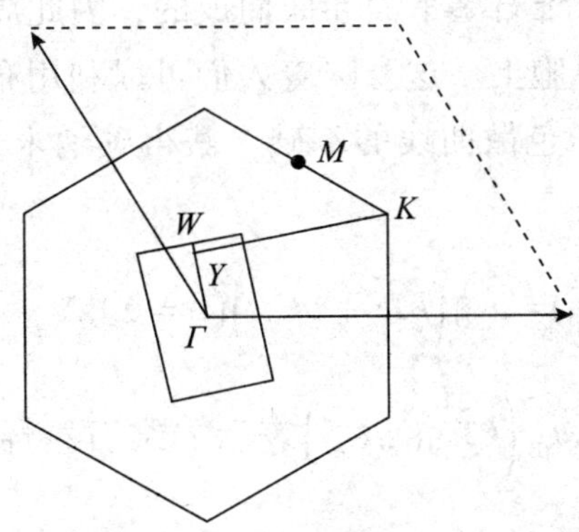

图 2–3　二维石墨平面和碳纳米管的布里渊区

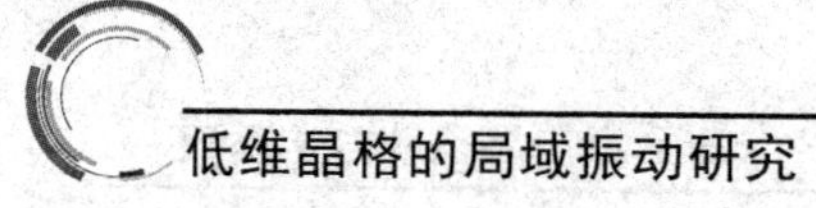

布里渊区是在倒格子空间（由与晶格矢量共轭的另一组矢量基所组成的空间）中，由所有倒格矢（与正格矢相对应，描述波矢在动量空间中的位置）的垂直平分面所围成的区域。与石墨平面上两正交格矢 $\boldsymbol{C}_h$ 和 $\boldsymbol{T}$ 相应的倒格矢 $\boldsymbol{C}_h^*$ 和 $\boldsymbol{T}^*$，在 (x,y) 直角坐标系中分别为式 2−54、式 2−55：

$$\boldsymbol{C}_h^* = \frac{2\pi}{2a\left(n^2+m^2+mn\right)}(\sqrt{3}(n+m),n-m) \tag{2−54}$$

$$\boldsymbol{T}^* = \frac{2\pi}{2a\left(n^2+m^2+nm\right)}\left(-\frac{(n+m)}{\sqrt{3}},n+m\right) \tag{2−55}$$

在式 2−54 中，$\boldsymbol{C}_h^*$ 是一个倒晶格向量，用于表述晶体的周期性结构在倒空间中的表示；2π 是数学常数，出现在倒晶格的定义中，通常是从实空间到倒空间的转换因子的一部分，表示晶格的常数，即晶格的基本长度单位；$2a$ 表示某种晶格尺度的倍数；n^2+m^2+mn 代表晶格向量的某种组合方式或晶体的对称性特征；$\sqrt{3}(n+m),n-m$ 表示倒晶格向量的具体分量。由 $\boldsymbol{C}_h^*$ 和 $\boldsymbol{T}^*$ 确定的矩形布里渊区如图 2−3 所示。碳纳米管是一维晶体，其布里渊区也是一维的，图 2−3 中的 $\varGamma W$ 直线段就是碳纳米管的一维布里渊区。

碳纳米管是由二维石墨平面卷曲而成的，因此周期性边界条件可以应用于碳纳米管的单胞上。这意味着人们可以利用布里渊区折叠法，在二维石墨平面的声子色散曲线的基础上获得碳纳米管的声子色散曲线。折叠方程如式 2−56：

$$\omega_{1\mathrm{D}}(k,\mu)=\omega_{2\mathrm{D}}\left(k\widehat{\boldsymbol{T}}^*+\mu\boldsymbol{C}_h^*\right)(\mu=0,1,2,\cdots,N-1) \tag{2−56}$$

在式 2−56 中，$\omega_{2\mathrm{D}}\left(k\widehat{\boldsymbol{T}}^*+\mu\boldsymbol{C}_h^*\right)$ 表示二维石墨烯平面中的声子频率函数，$\omega_{2\mathrm{D}}\left(k\widehat{\boldsymbol{T}}^*+\mu\boldsymbol{C}_h^*\right)$ 表示从石墨烯的二维布里渊区通过一系列的转换

得到的碳纳米管的声子频率，$k\hat{\boldsymbol{T}}^*$表示将碳纳米管的一维波矢k映射到石墨烯二维布里渊区的一个关键步骤，μ是整数，$\boldsymbol{C}_h^*$表示碳纳米管的螺旋倒格矢，k表示碳纳米管的一维波矢。$\hat{\boldsymbol{T}}^* = \boldsymbol{T}^* / \left|\boldsymbol{T}^*\right|$。

布里渊区折叠法在研究碳纳米管声子色散曲线时主要存在两个不足之处。布里渊区折叠法的第一个不足之处在于无法得到呼吸振动模式（晶体原子在格点附近的周期性热振动）的频率。二维石墨平面的Γ点有 3 个频率为 0 的平移模式。这 3 个模式中，2 个是碳原子在平面内移动的平移模式，另一个是碳原子在平面外移动的平移模式。然而，当石墨平面卷曲成圆柱形，成为碳纳米管时，一个平面内的平移转变为绕管轴的转动，另一个转变为沿管轴的平移，这两个振动模式的频率应为 0。但是，当石墨平面卷成管子时，原本垂直于平面的平移模式转变为管子的呼吸振动模式。在这种情况下，所有碳原子都参与管子的径向振动，而呼吸振动模式的频率并不为 0。因此，在布里渊区折叠的过程中，无法得到呼吸振动模式的频率，必须通过额外的计算来分析这一模式的特性。采用布里渊区折叠法研究碳纳米管声子特性时没有考虑其特殊的几何结构，导致呼吸振动模式的频率无法得到准确反映。这意味着在研究碳纳米管的声子特性时，仅依赖于布里渊区折叠法可能会导致对其声子谱的理解不完整。因此，为了更准确地描述碳纳米管的声子特性，必须采用额外的方法来考虑碳纳米管特殊几何形状所引起的影响，特别是考虑呼吸振动模式的频率。这可能涉及更复杂的数值模拟或者理论分析。计算呼吸振动模式频率的方程如式 2-57：

$$\omega_{\mathrm{rad}} = \frac{3a}{4\sqrt{m_{\mathrm{c}}}\,r_0}\left[\phi_r^{(1)} + 6\phi_r^{(2)} + 4\phi_r^{(3)} + 14\phi_r^{(4)}\right]^{1/2} \tag{2-57}$$

式中：a为二维石墨平面的晶格常数，$a = 0.246\ \mathrm{nm}$；r_0为碳纳米管的半径，m_c为碳原子质量，$\phi_r^{(i)}$为碳原子与其第i个近邻碳原子之间的键伸缩力常数。从上式可看出，呼吸模的频率与n和m指数无关，即与管子的

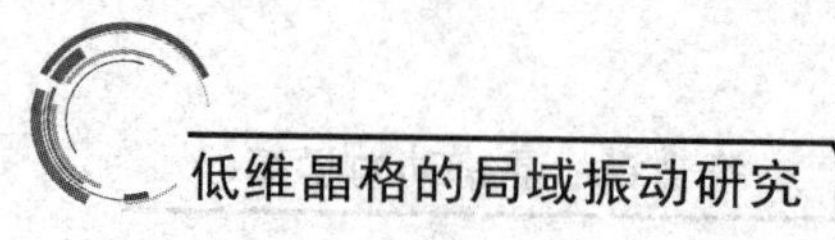

螺旋性无关，它仅与管子的半径成反比。

布里渊区折叠法的第二个不足之处在于无法确定碳原子垂直于管轴移动的两个频率为 0 的平移模。这是因为在二维石墨平面中不存在这样的振动模式。为了得到这两个平移模，需要在动力学矩阵中引入一个微扰矩阵。这两个平移模将成为被微扰矩阵的本征矢，通过这种方式才能准确地获得其频率。在扶手椅管和锯齿管中，此微扰具有混合E_{1u}模的效应，而在手性管中混合E_1模。微扰矩阵仅导致最低频率的E_{1u}（或E_1）模的频率趋于 0，对其他E_{1u}（或E_1）模的影响则是微小的。

需指出的是，在布里渊区折叠法中，石墨平面卷曲对力常数的影响被忽略了。这是在假设sp^2和P_z轨道之间杂化小的情况下，采取的一种近似方法。如图 2-4 所示为采用布里渊区折叠法计算的（5，5）扶手椅管的声子色散曲线。

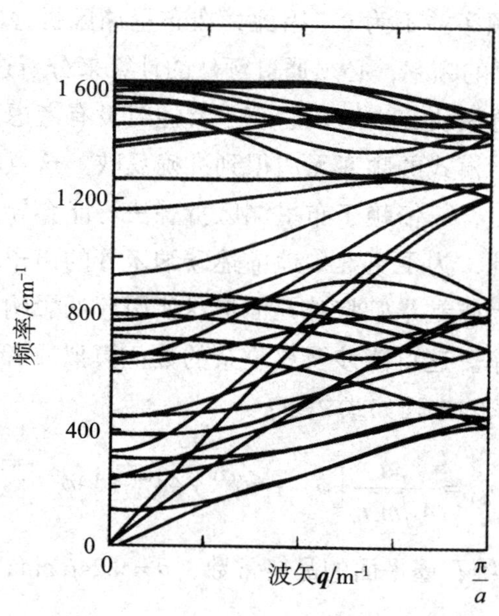

图 2-4　（5，5）扶手椅管的声子色散曲线

第3章 晶格振动的对称性

第2章采用简谐近似引入正则坐标，将晶格振动分解为$3sN$个独立的正则振动，每个正则振动对应一个正则坐标。根据群论的观点，晶格振动的正则坐标可作为晶体对称群不可约表示的基。这种方法使人们能够按照晶体对称群的不可约表示对晶格振动模式进行对称性分类。这一分类方法可以帮助人们更好地理解晶体的振动特性，为研究晶体的声子谱和其他物理性质提供理论基础。因此，本章旨在解决如何利用群论对晶体的振动模式进行对称性分类的问题，从而更深入地探索晶格振动在固体物理中的重要作用。

3.1 分子振动的对称性分类

分子是由若干个原子组成的，其平衡状态下的结构具有一定的对称性，可用点群来描述。例如，一个正方形分子由4个相同的原子组成，这些原子的平衡位置位于正方形的顶点。这样的分子具有对称性，有4重旋转轴，这意味着它可以沿着垂直于分子平面的轴进行旋转，并且每旋转90°，分子的结构就会重合。该分子还具有镜面对称性，即通过分子平面进行镜像反射，结构仍然保持不变。这个正方形分子的点群为D_{4h}。在该点群的对称操作作用下，分子平衡状态的结构能复原。人们通常说的分子的对称性就是指它平衡状态结构的对称性。正方形分子和C_4对称操作的变换如图 3-1 所示，如图 3-1（a）所示的平衡状态结构经C_4对称操作变换为如图 3-1（b）所示的平衡状态的结构，这两个结构图形是等同的，即对称操作C_4能使正方形分子的平衡状态结构复原。

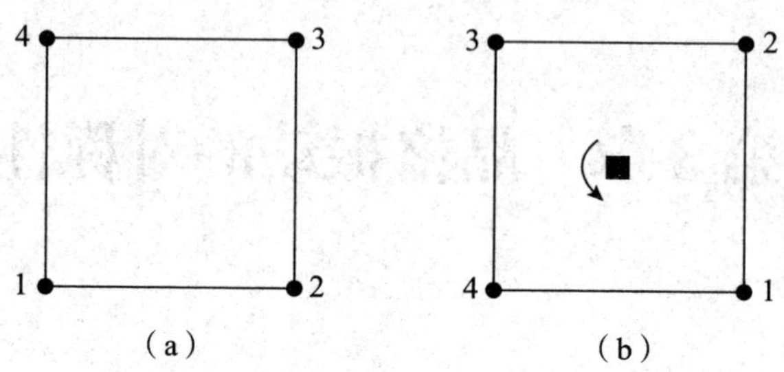

图 3-1　正方形分子和 C_4 对称操作的变换

实际上，分子的各个原子都在各自平衡位置附近振动。设第j个原子的位移为$u(j)$，在直角坐标系中原子位移的分量为$u_\alpha(j)(\alpha = x, y, z)$。对称操作对分子中原子位移的变换作用如图 3-2 所示。

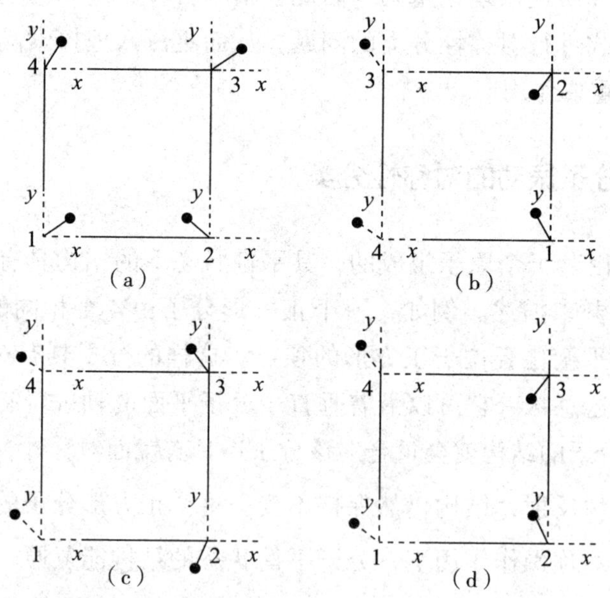

图 3-2　对称操作对分子中原子位移的变换作用

晶体中分子失去平衡状态的结构如图 3-2（a）所示，分子失去平衡状态可能是由原子的移动导致的。在这种非平衡状态下，分子的结构已经发生了变化，不再具有原来的对称性。若此时再将分子点群的对称操作施加到这些非平衡状态的分子上，它们的结构将无法复原，而是形成了一个新的结构，如图 3-2（b）所示。尽管这两个结构图形在外观上不同，但是从原子之间的距离保持不变的角度来看，它们仍然是等效的。这是因为尽管分子的位置发生了改变，但原子之间的相互作用力和距离保持不变。如图 3-2（b）所示的结构图形也可以不通过上述的 C_4 对称操作来得到，而采用另外一种方法得到，即先让每个原子在各自的直角坐标系中进行 C_4 的变换，如图 3-2（c）所示；在图 3-2（d）中，每个原子都取在对称操作后占据它位置的原子的变换后的位移。这种操作使图 3-2（d）和图 3-2（b）的结构完全相同。为了区分这两种操作，需要明确对称操作和重合操作的术语。对称操作是指对原子位移的变换，而重合操作则是指对原子平衡位置的变换。在图 3-1（b）中，重合操作会将原子 1 移至原来原子 2 的位置，将原子 4 移至原来原子 1 的位置，以此类推。而在相应的对称操作中，原子 2 会取原子 1 变换后的位移，原子 1 取原子 4 变换后的位移，以此类推，如图 3-2（d）所示。通过这种区分，人们能够更清晰地理解对称变换和重合变换之间的关系。尽管重合变换改变了原子的位置，但对称变换确保了每个原子仍然保持相对于其他原子的相同位移。这种方法对于研究晶体中分子结构的变化和对称性的保持具有重要意义。在图 3-2（d）中，通过采用这种方法，人们可以清晰地理解分子结构的变化，同时保持晶体的对称性。这有助于人们更深入地理解分子在晶体中的运动和排列方式，以及与之相关的物理性质和化学性质。

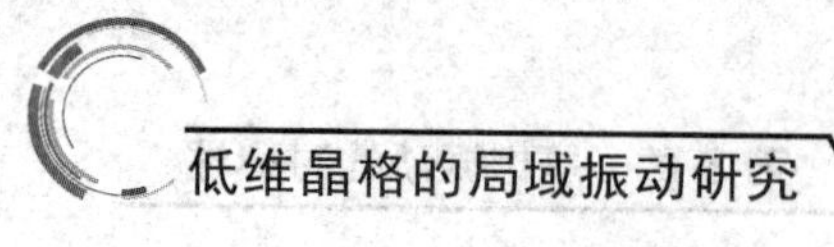

3.2 动力学变量在对称操作下的变换

3.2.1 晶体的对称操作

在固体物理学中，空间群对称性的描述方法不仅限于以点阵式的对称元素分布在整个晶体空间的形式来描述，还有相对于同一原点来确定空间群的全部对称操作。后一种方法将所有对称操作都以一个共同的原点为基准，从而更加简洁地描述了晶体的对称性质。通过这种描述方法，可以将晶体的对称操作集中到一个原点周围，便于人们理解和分析。每个对称操作都相对于同一原点进行描述，使得整个空间群的结构更加紧凑而形象。这种描述方法将空间群的对称性质直观地展示出来，有助于人们更好地理解晶体的结构和性质。相对于同一原点来确定空间群的全部对称操作，并将空间群的对称操作用记号$\{R|\boldsymbol{t}\}$表示。R表示点操作部分，一般又称为转动部分。$\boldsymbol{t}$表示平移部分，$\boldsymbol{t}=t_1\boldsymbol{a}_1+t_2\boldsymbol{a}_2+t_3\boldsymbol{a}_3$，$t_1$、$t_2$、$t_3$是沿着晶体3个基矢方向的系数，是实数，表示平移操作沿着每个基矢方向的相对距离；$\boldsymbol{a}_1$、$\boldsymbol{a}_2$、$\boldsymbol{a}_3$是晶体的基矢，是构成晶体的晶格的基本单元，每个基矢都是一个向量，指向晶体结构中的一个特定方向。$\{R|\boldsymbol{t}\}$表示先进行点对称操作R，再沿向量$\boldsymbol{t}$进行平移的复合对称操作。纯平移操作表示为$\{E|\boldsymbol{t}\}$，纯转动操作则表示为$\{R|0\}$。这种描述方法尽管较抽象，但有利于空间群在处理固体物理问题中的应用。

现在来考虑空间群两个对称操作的乘积。所谓两个对称操作相乘，就是相继地对它们进行操作。譬如，$\{S|\boldsymbol{u}\}$表示先进行点对称操作S，随后进行沿向量$\boldsymbol{u}$的平移的复合对称操作。将$\{R|\boldsymbol{t}\}$和$\{S|\boldsymbol{u}\}$相乘，并记作$\{S|\boldsymbol{u}\}\{R|\boldsymbol{t}\}$，就是先进行$\{R|\boldsymbol{t}\}$操作，接着进行$\{S|\boldsymbol{u}\}$操作；先使位矢$\boldsymbol{x}$变到$\boldsymbol{x}'$，再将$\boldsymbol{x}'$变换到$\boldsymbol{x}''$，见式3-1、式3-2：

$$x' = Rx + t \tag{3-1}$$

$$x'' = Sx' + u \tag{3-2}$$

由式 3-1 和式 3-2 可得式 3-3：

$$x'' = S(Rx + t) + u = SRx + St + u \tag{3-3}$$

式 3-3 中的$\boldsymbol{u}$是一个向量，表示与对称操作S相关的平移分量；$\boldsymbol{x}''$代表点在对称操作S和平移$\boldsymbol{u}$后的新坐标；$\boldsymbol{SR}$为两个操作转动部分的矩阵的乘积，此矩阵乘积相当于两个转动操作的乘积操作，也是一个转动操作。$\boldsymbol{St}$ 为转动操作作用到平移矢量上得到的另一个平移矢量，所以$\boldsymbol{St}+\boldsymbol{u}$仍然是一个平移矢量。将$\{R|\boldsymbol{t}\}$和$\{S|\boldsymbol{u}\}$相继地进行操作，把位矢$\boldsymbol{x}$最后变换到$\boldsymbol{x}''$的作用，与$\{SR|\boldsymbol{St}+\boldsymbol{u}\}$对称操作直接把$\boldsymbol{x}$变换到$\boldsymbol{x}''$的作用是相同的。人们把$\{SR|\boldsymbol{St}+\boldsymbol{u}\}$叫作$\{R|\boldsymbol{t}\}$和$\{S|\boldsymbol{u}\}$的乘积操作，并表示为式 3-4：

$$\{S|\boldsymbol{u}\}\{R|\boldsymbol{t}\} = \{SR|\boldsymbol{St}+\boldsymbol{u}\} \tag{3-4}$$

式 3-4 就是空间群对称操作的乘法规则。

3.2.2　晶体中原子位移在对称操作下的变换

上一节介绍了分子中的原子位移在对称操作下的变换的描述方法，也可以推广到晶体中。设$\{R|\boldsymbol{t}_n+\boldsymbol{\tau}_R\}$是晶体的一个对称操作，其中$\boldsymbol{t}_n$为格矢，$\boldsymbol{\tau}_R$为部分平移矢量。若$\{R|\boldsymbol{t}_n+\boldsymbol{\tau}_R\}$的重合变换能把$m$原胞的第$j$个原子变换到 M原胞的J个原子，则对称变换对原子位移的作用见式 3-5：

$$\boldsymbol{u}_\alpha(M,J) \xrightarrow{\{R|\boldsymbol{t}_n|\boldsymbol{\tau}_R\}} \boldsymbol{u}'_\alpha(M,J) = \sum_\beta R_{\alpha\beta}\boldsymbol{u}_\beta(m,j) \tag{3-5}$$

下面讨论平移操作$\{E|\boldsymbol{t}_n\}$的变换作用，见式 3-6 至式 3-8，在此情况下，$J=j$ ，因为由格矢$\boldsymbol{t}_n$关联着的两个原子是等同原子。此时，转动

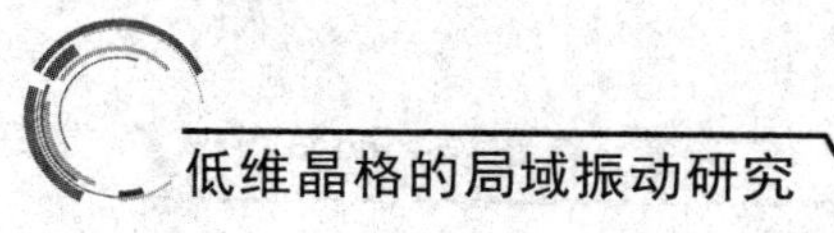

矩阵$\boldsymbol{R}$为单位矩阵，所以

$$\boldsymbol{u}_\alpha(M,J)\xrightarrow{\{E|\boldsymbol{t}_n\}}\boldsymbol{u}_\alpha'(M,J)=\boldsymbol{u}_\alpha(m,J) \tag{3-6}$$

M原胞的位矢为

$$\boldsymbol{x}(M)=M_1\boldsymbol{a}_1+M_2\boldsymbol{a}_2+M_3\boldsymbol{a}_3 \tag{3-7}$$

m原胞的位矢为

$$\boldsymbol{x}(m)=m_1\boldsymbol{a}_1+m_2\boldsymbol{a}_2+m_3\boldsymbol{a}_3 \tag{3-8}$$

在式3-8中，m_1,m_2,m_3是晶格坐标系中的整数，$\boldsymbol{a}_1,\boldsymbol{a}_2,\boldsymbol{a}_3$是晶体的3个基矢，$\boldsymbol{m}$是1个向量，用于唯一标识晶体结构中的1个晶格点，这个点由3个坐标m_1,m_2,m_3定义。关联m和M原胞的格矢为

$$\boldsymbol{t}_n=n_1\boldsymbol{a}_1+n_2\boldsymbol{a}_2+n_3\boldsymbol{a}_3 \tag{3-9}$$

$\boldsymbol{t}_n$表示1个平移向量，用于描述晶体中的1个平移操作；n_1,n_2,n_3是整数，表示在每个基矢方向上的平移倍数；$\boldsymbol{a}_1,\boldsymbol{a}_2,\boldsymbol{a}_3$是晶体的3个基矢，是构成晶格的基本单位向量。原胞位矢间的几何关系如图3-3所示。

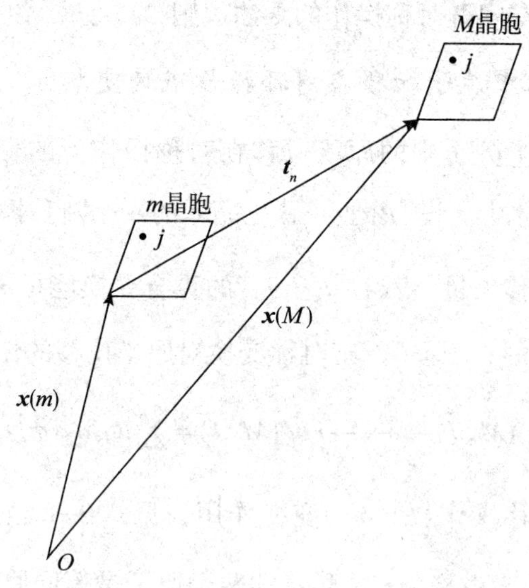

图3-3　原胞位矢间的几何关系

这些矢量间的关系见式 3-10

$$\boldsymbol{x}(M)=\boldsymbol{x}(m)+\boldsymbol{t}_n=(m_1+n_1)\boldsymbol{a}_1+(m_2+n_2)\boldsymbol{a}_2+(m_3+n_3)\boldsymbol{a}_3 \quad (3-10)$$

比较式 3-7 和式 3-10，得到原胞指数之间的关系为$m_1=M_1-n_1$，$m_2=M_2-n_2$，$m_3=M_3-n_3$，可缩写为$m=M-n$。于是，式3-6可改写为式3-11

$$\boldsymbol{u}_\alpha(M,J)\xrightarrow{\{E|\boldsymbol{t}_n\}}\boldsymbol{u}_\alpha'(M,J)=\boldsymbol{u}_\alpha(M-n,J) \quad (3-11)$$

此变换关系式也可以应用于简约位移中，见式 3-12：

$$\boldsymbol{w}_\alpha(M,J)\xrightarrow{\{E|\boldsymbol{t}_n\}}\boldsymbol{w}_\alpha'(M,J)=\boldsymbol{w}_\alpha(M-n,J) \quad (3-12)$$

在对分子振动进行对称性分类时，只需考虑原子位移在对称操作下的变换。通过这种方式，人们可以获得表示矩阵，将其约化，可以对分子振动进行对称性分类。然而，晶格振动的问题要复杂得多。由于晶体中原子数目巨大，因此正则振动模的数量比分子要多得多。此外，晶格振动的对称性分类涉及的对称群也不再是简单的点群，而是空间群。与分子不同，晶体具有周期性的特点。因此，在对晶体的 $3sN$ 个正则振动模进行对称性分类时，简单地考虑原子位移在对称操作下的变换就不再合适。这是因为对于晶体中的周期性结构，需要考虑更复杂的对称性质以及原子的周期性排列方式。因此，在对晶格振动进行对称性分类时，需要考虑更多因素，而考虑动力学变量$w_\alpha(j,\boldsymbol{q})$则更为合适。

3.3　波矢群与晶格振动的对称性

3.3.1　波矢群

动力学变量$\bar{W}_\beta\left(j,\boldsymbol{R}^{-1}\boldsymbol{q}\right)$中的波矢是经转动变换过的波矢$\boldsymbol{R}^{-1}\boldsymbol{q}$，在一般对称操作作用下，$\boldsymbol{R}^{-1}\boldsymbol{q}\neq\boldsymbol{q}$。但是，在空间群中，可以找到一些对称操作，其转动部分能使波矢保持不变或只变换到它的等阶波矢$\boldsymbol{q}+\boldsymbol{G}\left[\boldsymbol{G}=h_1\boldsymbol{b}_1+h_2\boldsymbol{b}_2+h_3\boldsymbol{b}_3\right]$，即$\boldsymbol{R}^{-1}\boldsymbol{q}=\boldsymbol{q}$或$\boldsymbol{q}+\boldsymbol{G}$。$\boldsymbol{q}$表示波矢，是描述晶

体中波动性质的向量，$\boldsymbol{G}$表示倒格矢，$h_1\boldsymbol{b}_1+h_2\boldsymbol{b}_2+h_3\boldsymbol{b}_3$定义了$\boldsymbol{G}$的具体构成，$h_1,h_2,h_3$指定了倒格矢在每个倒格基矢方向上的分量，$\boldsymbol{b}_1,\boldsymbol{b}_2,\boldsymbol{b}_3$是晶体的倒格基矢，它们构成了晶体倒空间的结构基础，$\boldsymbol{R}^{-1}\boldsymbol{q}=\boldsymbol{q}$表示晶体中对波矢$\boldsymbol{q}$的对称操作，其转动部分使波矢保持不变。$\boldsymbol{q}+\boldsymbol{G}$表示波矢在晶体布里渊区内的转换。人们把空间群中这些对称操作所组成的群称为波矢群$\boldsymbol{G}(\boldsymbol{q})$。

波矢群是空间群的子群。平移群的所有对称操作$\left\{E\middle|\boldsymbol{t}_n\right\}$的转动部分都是恒等操作$E$，任何波矢在它的作用下都保持不变，所以平移群应该是波矢群的子群。而且平移群等同于它的共轭子群，所以平移群是波矢群的不变子群。因此，能够确定波矢群的一个因子群$\boldsymbol{G}(\boldsymbol{q})/\boldsymbol{T}$：

$$\{E|0\}\boldsymbol{T},\left\{R_2\middle|\boldsymbol{\tau}_2\right\}\boldsymbol{T},\cdots,\left\{R_g\middle|\boldsymbol{\tau}_g\right\}$$

上式中的转动操作：$E,R_2,\cdots,R_g$都是使波矢$\boldsymbol{q}$保持不变或变换到它的等价波矢的操作，它们构成点群$P(\boldsymbol{q})$。此点群与因子群$\boldsymbol{G}(\boldsymbol{q})/\boldsymbol{T}$是同构的，同时它应该是晶体点群的子群。$\{E|0\}$，$\left|R_2\middle|\boldsymbol{\tau}_2\right\},\cdots,\left\{R_g\middle|\boldsymbol{\tau}_g\right\}$称为波矢群的因子群的代表性对称操作。

3.3.2 波矢群中复数正则坐标的变换

在波矢群的对称操作作用下，动力学变量的变换矩阵是 3s 阶方阵，这些矩阵构成了波矢群的可约表示，而动力学变量则是这个表示的基。为了约化这个可约表示，需要对动力学变量进行坐标变换。这意味着人们需要找到一组新的坐标系，使在这个新的坐标系下，波矢群的对称操作所对应的变换矩阵可以尽可能简单化。通过这种坐标变换，人们可以将波矢群的可约表示约化为一系列不可约表示，从而更好地描述晶体的对称性质和动力学行为。第 2 章已给出了这个坐标变换，就是将动力学变量变换成正则坐标：

$$W_{\alpha}(J,\boldsymbol{q})=\sum d_{\alpha}\left(J,\boldsymbol{q}_{r}\right)\boldsymbol{Q}_{r}(\boldsymbol{q}) \tag{3-13}$$

对上式进行逆变换可得

$$\boldsymbol{Q}_{r}(\boldsymbol{q})=\sum_{Ja}d_{\alpha}^{*}\left(J,\boldsymbol{q}_{r}\right)W_{\alpha}(J,\boldsymbol{q})=\sum_{Ja}\bar{d}_{\alpha}^{*}\left(J,\boldsymbol{q}_{r}\right)\bar{W}_{\alpha}(J,\boldsymbol{q}) \tag{3-14}$$

$$\bar{d}_{a}\left(J,\boldsymbol{q}_{r}\right)=d_{a}\left(J,\boldsymbol{q}_{r}\right)\mathrm{e}^{\mathrm{i}\boldsymbol{q}\cdot\boldsymbol{x}(J)} \tag{3-15}$$

从式 3-14 可以看出，将动力学变量变换成复数正则坐标，其变换矩阵是本征矢分量$\vec{d}_{a}^{*}\left(J,\boldsymbol{q}_{r}\right)$构成的。本征矢矩阵是幺正的，所以复数正则坐标可作为波矢群不可约表示的基。考虑复数正则坐标在波矢群对称操作作用下的变换，就能得到波矢群的不可约表示。

在波矢群的对称操作作用下，复数正则坐标的变换为

$$\boldsymbol{Q}_{r'}(\boldsymbol{q})\xrightarrow{\{R|\boldsymbol{t}_{n}+\boldsymbol{\tau}_{R}\}}\boldsymbol{Q}_{r'}^{'}(\boldsymbol{q})=\sum_{J\alpha}\bar{d}_{\alpha}^{*}\left(J,\boldsymbol{q}_{r'}\right)\bar{W}_{\alpha}^{'}(J,\boldsymbol{q}) \tag{3-16}$$

在式 3-16 中，$\boldsymbol{Q}_{r'}(\boldsymbol{q})$表示在波矢$\boldsymbol{q}$下，经过坐标变换后的动力学变量；$\boldsymbol{r}'$指的是复数正则坐标系中某个具体的分量。对于波矢群中使$\boldsymbol{R}^{-1}\boldsymbol{q}=\boldsymbol{q}$的对称操作，式 3-16 中的$\bar{W}_{\alpha}^{'}(J,\boldsymbol{q})$可表达为

$$\boldsymbol{Q}_{r'}^{'}(\boldsymbol{q})=\sum_{ja}\bar{d}_{\alpha}^{*}\left(J,\boldsymbol{q}_{r'}\right)\mathrm{e}^{\mathrm{i}\boldsymbol{q}\cdot(\boldsymbol{t}_{n}+\boldsymbol{\tau}_{R})}\sum_{j\beta}R_{\alpha\beta}(J,j)\overline{\boldsymbol{W}}_{\beta}(j,\boldsymbol{q}) \tag{3-17}$$

$\boldsymbol{Q}_{r'}^{'}(\boldsymbol{q})$表示在波矢$\boldsymbol{q}$下，经过对称操作后动力学变量$\boldsymbol{Q}$的一个形式。式 3-17 是在$\boldsymbol{R}^{-1}\boldsymbol{q}=\boldsymbol{q}$对称操作下的另一个表达形式。

所以式 3-16 变为

$$\begin{aligned}\boldsymbol{Q}_{r'}^{'}(\boldsymbol{q})&=\sum_{ja}\bar{d}_{\alpha}^{*}\left(J,\boldsymbol{q}_{r'}\right)\mathrm{e}^{\mathrm{i}\boldsymbol{q}\cdot(\boldsymbol{t}_{n}+\boldsymbol{\tau}_{R})}\sum_{j\beta}R_{\alpha\beta}(J,j)\sum_{r}\bar{d}_{\beta}\left(j,\boldsymbol{q}_{r}\right)\boldsymbol{Q}_{r}(\boldsymbol{q})\\&=\mathrm{e}^{\mathrm{i}\boldsymbol{q}\cdot(\boldsymbol{t}_{n}+\boldsymbol{r}_{R})\sum\boldsymbol{D}_{q}(R)_{r'r}\boldsymbol{Q}_{r}(\boldsymbol{q})}\end{aligned} \tag{3-18}$$

其中，

$$\boldsymbol{D}_{q}(R)_{r'r}=\sum_{ja}\sum_{j\beta}\bar{d}_{\alpha}^{*}\left(J,\boldsymbol{q}_{r'}\right)R_{\alpha\beta}(J,j)\ddot{d}_{\beta}\left(j,\boldsymbol{q}_{r}\right) \tag{3-19}$$

在式 3-18 中，$\sum_{ja}$表示j,a指定的粒子的所有电荷；$\bar{d}_{\alpha}^{*}\left(J,\boldsymbol{q}_{r'}\right)\mathrm{e}^{\mathrm{i}\boldsymbol{q}\cdot(\boldsymbol{t}_n+\boldsymbol{\tau}_R)}$表示变量$d_{\alpha}$的复共轭后的平均值；$R_{\alpha\beta}(J,j)$表示一个特定的矩阵，从态$J$到态$j$的过渡；$\bar{d}_{\beta}\left(j,\boldsymbol{q}_r\right)$表示在模式$j$下，对于波矢量$\boldsymbol{q}_r$的某种特定分量 β 的复数系数或权重；$\boldsymbol{Q}_r(\boldsymbol{q})$表示与波矢量$\boldsymbol{Q}_r$和索引$r$相关的波矢量的分量；$\boldsymbol{q}$ 表示波矢量；$\boldsymbol{t}_n$、$\boldsymbol{\tau}_r$ 表示位置向量；$\boldsymbol{D}_q(R)_{r'r}$ 表示波矢群中旋转操作 R 对于波矢量$\boldsymbol{D}_q$的变换矩阵元素从模式 r 到模式r'的变换。

在式 3-19 中，$\bar{d}_{\alpha}^{*}\left(J,\boldsymbol{q}_{r'}\right)$表示一个复数的共轭函数；$R_{\alpha\beta}(J,j)$表示旋转矩阵 R 的元素，描述了在态 J 下，从分量 α 到分量 β 的变换；$\ddot{d}_{\beta}\left(j,\boldsymbol{q}_r\right)$表示在态 j 和波矢量$\boldsymbol{q}_r$下的分量 β 的权重。

对于波矢群中使$\boldsymbol{R}^{-1}\boldsymbol{q}=\boldsymbol{q}+\boldsymbol{G}$的对称操作，式 3-16 中的$\bar{W}_a'(J,q)$应利用式表达，此时也能得到式 3-18。

3.3.3　波矢群的不可约表示与晶格振动的对称性

可以把式 3-19 写成矩阵形式：

$$\boldsymbol{D}_q(\boldsymbol{R})=\boldsymbol{d}^{-1}(\boldsymbol{q})\boldsymbol{R}\boldsymbol{d}(\boldsymbol{q}) \tag{3-20}$$

本征矢矩阵$\boldsymbol{d}(\boldsymbol{q})$是幺正的，用幺正矩阵对可约表示矩阵$\boldsymbol{R}$进行相似变换，得到的$\boldsymbol{D}_q(\boldsymbol{R})$应是准对角矩阵。所以，由式 3-18 确定的正则坐标的变换矩阵为式 3-21：

$$\begin{aligned}\boldsymbol{D}_q\left[\left\{R\middle|\boldsymbol{t}_n+\boldsymbol{\tau}_R\right\}\right]&=\mathrm{e}^{\mathrm{i}\boldsymbol{q}\cdot(\boldsymbol{t}_n+\boldsymbol{\tau}_R)}\boldsymbol{D}_2(\boldsymbol{R})\\&=\mathrm{e}^{\mathrm{i}\boldsymbol{q}\cdot(\boldsymbol{t}_n+\boldsymbol{\tau}_R)}\begin{pmatrix}\boldsymbol{D}_q^{(1)}(\boldsymbol{R}) & & 0\\ & \ddots & \\ & \boldsymbol{D}_q^{(2)}(\boldsymbol{R}) & \\ & & \ddots \\ 0 & & \boldsymbol{D}_q^{(p)}(\boldsymbol{R})\end{pmatrix}\end{aligned} \tag{3-21}$$

可以证明，上式中的子矩阵的集合是波矢群的不可约表示。第 m 个不可约表示为式 3–22：

$$D_q^{(m)}\left[\{R|t_n+\tau_R\}\right]=e^{iq\cdot(t_n+\tau_R)}D_q^{(m)}(R) \tag{3-22}$$

设第 m 个不可约表示重复出现 n_m 次，则式（3–21）可简写为式 3–23：

$$D_q\left[\{R|t_n+\tau_R\}\right]=\sum_m n_m D_q^{(m)}\left[\{R|t_n+\tau_R\}\right] \tag{3-23}$$

式 3–22 中的 $D_q^{(m)}(R)$ 是点群 $P(q)$ 的不可约表示矩阵。

复数正则坐标可以作波矢群不可约表示的基，所以复数正则坐标对应的晶格振动模可按波矢群的不可约表示进行对称性分类。如果波矢群的第 m 个不可约表示是 l_m 维的，则它对应的正则坐标就有 l_m 个，这些正则坐标在波矢群的对称操作作用下相互变换，它们对应的正则振动模具有相同的频率，所以属于 l_m 维不可约表示的振动模是 l_m 重简并的。

3.4　晶格振动的对称性分类

3.4.1　方法

上一节介绍了晶格振动的对称性分类问题，即将晶格振动模按波矢群的不可约表示进行分类，这一节将讨论如何实际进行这种分类。具体的做法与对分子振动进行对称性分类时采用的方法相似，即利用特征标约化公式进行计算。在晶格振动的情况下，特征标约化公式为一个积分，涉及晶体的结构因素和对称性操作。通过对晶体的结构因素和对称性操作的考虑，可以计算出晶格振动模的特征标，从而将其约化为不可约表示。在晶格振动的情况下，特征标约化公式为式 3–24：

$$n_m=\frac{1}{gN}\sum_{\{R|t_n+\tau_R\}}\chi_q^{(m)}\left[\{R|t_n+\tau_R|\right]^*\chi_q\left[\{R|t_n+\tau_R|\right] \tag{3-24}$$

式中 n_m 是波矢群的第 m 个不可约表示在分解式 3–23 中出现的次

数，也就是具有第 m 个不可约表示对称性的晶格振动模的数目。g 为 $P(\boldsymbol{q})$ 点群的阶，N 为平移群的阶，而 gN 为波矢群的阶。$\{R|\boldsymbol{t}_n+\boldsymbol{\tau}_R|$ 为波矢群的对称操作。$\chi_q^{(m)}\left[\{R|\boldsymbol{t}_n+\boldsymbol{\tau}_R|\right]$ 为波矢群第 m 个不可约表示的特征标，$\chi_q\left[\{R|\boldsymbol{t}_n+\boldsymbol{\tau}_R\}\right]$ 为波矢群可约表示的特征标。

3.4.2 相适关系

所谓相适关系就是母群的不可约表示能分解为子群的哪些不可约表示。因为布里渊区一定方向的波矢的 $P(\boldsymbol{q})$ 点群是这个方向上两个端点——布里渊区中心点和界面点的 $P(\boldsymbol{q})$ 点群的子群，所以可以利用母群和子群之间的不可约表示的相适关系，并根据色散曲线两端点已知的对称性，来确定整个色散曲线支的对称性。

3.4.3 晶格振动对称性的符号表示

将晶格振动按波矢群的不可约表示进行对称性分类，实际上就是按 $P(\boldsymbol{q})$ 点群的不可约表示进行分类；晶格振动对称性的符号采用点群不可约表示的符号。这些符号主要分为两种，即慕利肯符号和帕明特符号。慕利肯符号主要用于描述分子振动的对称性，而帕明特符号则是专为描述闪锌矿 ZnS 晶体结构的波矢群而设计的。帕明特符号是用布里渊区不同对称点的符号，加上数字角标进行标记的。在固体物理学中，点群的不可约表示还采用博卡尔特—斯莫洛科维奇—维格纳符号，简称 BSW 符号。与帕明特符号类似，BSW 符号是由布里渊区不同对称点的符号和数字角标组成的。这些符号的使用使得我们能够更加清晰地描述晶体中的对称性质，有助于人们理解晶体的结构和性质。

3.5 分子晶体基本晶格振动模的位置对称性分析

参与光的一级拉曼散射和红外吸收的晶格振动模，其波矢 $\boldsymbol{q}\approx 0$（紧靠布里渊区中心），所以零波矢的晶格振动模对解释晶体的拉曼光谱和红外光谱特别重要。零波矢的晶格振动模称为基本晶格振动模。在基本晶格振动模中，所有等同原子以相同的位相作相同的位移，因此了解一个原胞中原子的运动即了解了整个晶体中原子的运动。

基本晶格振动模的因子群分析方法适用于任何类型的晶体，而位置对称性分析方法只适用于分子晶体的基本晶格振动模。分子晶体由分子基元组成，这些基元可以是中性分子，也可以是离子集团。在分子晶体中，分子内部原子之间的键合力比分子之间的结合力大得多，因此每个分子在晶体中具有相对的独立性。位置对称性分析方法的优点在于它可以利用分子振动光谱的已有数据。这种方法利用分子振动光谱的特征，通过研究分子内原子的运动模式来确定分子晶体的对称性。

3.5.1　内振动和外振动

在分子晶体中，分子保持其独特的个性，这一事实已经通过拉曼光谱和红外光谱的实验得到了验证。在分子晶体的拉曼光谱和红外吸收光谱中，观察到了一些非常接近该物质在液态、气态时和溶解于溶液时的光谱中出现的谱线。这些谱线是每种分子特有的，由分子内的形变振动产生，被称为内振动谱线。由于分子内部原子之间的键合力较强，分子的内振动谱线具有较高的频率，通常分布在 200 ～ 4 000 cm^{-1} 区间。分子晶体中除了内振动谱线，还有一些频率比较低的谱线，一般分布在 10 ～ 200 cm^{-1} 区间。

晶体的外振动谱线是一种重要的谱线类型，它们反映了晶体结构和对称性的特征振动。在分子晶体中，振动可分为两类：内振动和外振动。内振动是由分子变形引起的，在这个过程中，分子的质心和惯性主轴保持不变。这种振动模式使得分子内部结构发生改变，但整体的分子形状保持不变。内振动的特征是它们对分子内部的结构和键的性质产生影响，但并不涉及分子整体的移动或相对运动。外振动是由分子或离子之间的相对运动引起的。这种振动类型包括了多种不同的运动模式，如原子或离子之间的平移振动以及分子或离子集团质心之间的平移振动。此外，还有一种称为天平动的外振动模式，它描述的是分子或离子集团的摆动运动。尽管内振动和外振动在理论上可以被区分开，但在实际情况下，它们之间的界限有时并不明显。事实上，它们之间可能存在相互作用，而且平移振动和天平动之间也可能有耦合效应。为了更准确地描述晶体的振动谱线，必须根据其对称性进行分类。只有对晶体的对称性进行严格分类，才能准确地描述其振动模式。

3.5.2 位置对称性

在晶体中，分子的对称性是一项重要而复杂的特征，它既受到分子自身对称性的影响，又受到晶格环境的影响。这种对称性的变化是由分子从自由状态转移到晶体中的特殊环境中所引起的。

分子在自由状态下，分子的结构和几何形状可能具有一定的对称性，这被称为自由分子对称群。然而，当分子被嵌入晶体结构时，其对称性往往会受到限制和改变。这是因为晶体的周期性结构会对分子的排列和运动产生一定的限制，从而导致分子的对称性降低。

在晶体中，分子只能具有其在自由状态下所具有的对称性，同时其受到晶格周围环境所具有的共同对称元素的影响。这些共同对称元素构成了分子在晶体中的位置对称群，它描述了分子位于晶体中某一位置时的对称性，同时描述了分子所在位置晶体的点对称性。需要注意的是，分子的位置对称群必定是其自由分子对称群的子群，因为在晶体中分子的对称性受到了限制和改变，不能超越其自由状态的对称性。

3.5.3 位置对称性分析方法

考虑 1 个由 m 个原子组成的分子，在 $3m$ 个自由度中，有$3m-6$个属于分子的内部振动，这种内部振动引起分子变形；对于平移振动模式来讲，其数目为 $3m-5$，其中 m 为分子的轴的个数。因此，对于属于刚性分子的振动，平移振动的数目为 $3m-5=3m-5=3\times3-5=4$。这意味着刚性分子有 4 个平移振动模式。而旋转振动模式的数目为 3，这是因为刚性分子固有的旋转自由度较少，所以只有 3 个旋转振动模式。根据分子点群不可约表示分类的结果，刚性分子的振动模式可以分为 3 个平移振动模式和 3 个旋转振动模式。

分子的平移振动用极矢量来描述，极矢量变换矩阵的特征标为 $\chi(R)=\left(\pm1+2\cos\theta_R\right)$。分子的旋转振动则用轴矢量来描述，轴矢量即赝矢量，轴矢量变换矩阵的特征标为 $\chi(R)=\left(1\pm2\cos\theta_R\right)$。在这两个特征标公式中，当 R 为转动操作时，“±”号均取“+”号；当 R 为转动—反映操作时，则均取“−”号。在转动操作下，极矢量和轴矢量的特征标相同。这是因为转动操作涉及的是分子的旋转，而极矢量和轴矢量分别代表了旋转的平移和旋转本身。在转动操作的作用下，极矢量和轴矢量的变换性质相似，因此它们的特征标也相同。对于转动—反映操作来讲，极矢量和轴矢量的特征标则不同。这是因为转动—反映操作结合了旋转和镜像反射两种不同的物理变换。极矢量代表了平移，而轴矢量代表了旋转，因此它们在转动—反映操作作用下的变换性质不同。这种操作的复杂性导致极矢量和轴矢量的特征标不同。

第2部分　低维晶格的拉曼光谱学研究

第 4 章　拉曼光谱学的一般知识

4.1　散射、光散射和拉曼散射

4.1.1　散射与光散射

自然界中普遍存在着散射现象，如图 4-1 所示。当入射粒子与靶粒子相互碰撞时，它们之间发生相互作用，导致入射粒子偏离原先的方向，甚至其能量也发生改变。这种现象是散射现象的典型表现。散射的发生是复杂而多变的，取决于入射粒子的性质、动能以及靶粒子的特性等因素。

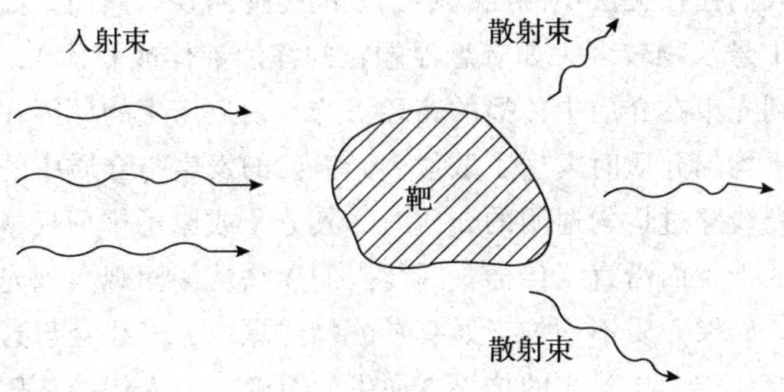

图 4-1　散射现象的示意图

散射现象作为一种重要手段，被广泛用于研究物质相互作用及其内部结构和运动。既包括宏观世界，又涉及微观领域。经典实验如1911年卢瑟福实验和1920年康普顿实验，揭示了原子结构和光的粒子性质。这些实验均依赖于入射粒子与靶粒子的散射过程。卢瑟福实验通过 α 粒子与原子核的碰撞，发现了原子核的存在，从而揭示了原子内部的结构；而康普顿实验则通过光子与电子的碰撞，证实了光的粒子性，揭示了光的能量和动量的量子特性。这两个经典实验奠定了现代物理学的基础。至今，对基本粒子的研究仍主要依赖于散射实验。不同入射粒子与靶粒子之间的碰撞，提供了观察基本粒子行为的重要途径。例如，利用高能加速器，科学家可以将电子、质子等粒子与靶粒子碰撞，从而探测基本粒子的性质、相互作用以及物质的内部结构。

散射现象根据入射粒子的不同可分为中子散射、电子散射和光子（电磁波）散射等类型，而光子散射根据能量的不同，可进一步细分为 γ 射线散射、X 射线散射和可见光散射等。由于入射粒子的能量和波长不同，不同类型的散射适用于研究不同的对象，因此它们在不同领域有着各自的应用。

4.1.2 光散射与拉曼散射

光散射是日常生活中常见的现象。当光通过均匀的透明纯净介质或溶液时，人们往往无法从侧面观察到光的传播路径。然而，如果介质不均匀或其中悬浊物较多（如有悬浮颗粒的浑浊液体或胶体），人们就能清晰地看到光束在介质中传播的路径。这一现象产生的原因在于光在介质中遇到不均匀介质时发生了散射。光散射的发生与介质中的微观结构有关。当光线穿过均匀透明的介质时，其分子或原子排列规整，光线不受到明显的干扰而沿直线传播，因此人们无法从侧面观察到光的传播路径。然而，如果介质不均匀，如有悬浊物或颗粒，光线会与这些不规则的结构相互作用，导致光的传播方向发生改变，使人们能从侧面观察到光的散射路径。这种现象在日常生活中随处可见。比如，当阳光穿过一杯清澈的纯净水时，人们很难看到水中的光的传播路径；但如果水中悬浮了一些泥沙或气泡，人们就能清晰地观察到光在水中的散射路径。同样，当阳光透过窗户照在尘埃飞扬的空气中时，人们也能观察到光的散射现象。

19 世纪，人们对光散射的研究主要集中在光与小粒子、分子之间的相互作用及散射强度的规律性上。20 世纪初，研究逐渐深入到比分子更小的尺度，如化学键、准粒子、原子和自由电子等引起的光散射现象以及散射能量的变化。1908 年，米在研究丁达尔散射时发现，与分子散射不同，丁达尔散射的散射强度并不与波长的 4 次方成反比关系，因此也有人将丁达尔散射称为米氏散射。随着研究的深入，20 世纪后期人们开始关注散射光相对于入射光在能量（波长改变）方面的变化。他们发现，散射光波长相对于入射光波长的改变量大小与不同的散射机制有对应关系。基于这一发现，人们对光散射进行了进一步分类。这种分类考虑了散射光波长相对于入射光波长的改变量，将散射分为不同类型，如瑞利散射、拉曼散射、米氏散射等。其中，瑞利散射指入射光与介质中较小的颗粒或分子发生散射，其散射光波长与入射光波长有关；拉曼散射指光与分子发生相互作用，引起散射光波长的改变；米氏散射则更多地涉及介质中较大颗粒或粒子的散射现象。

4.2　光谱、散射光谱与拉曼光谱

4.2.1　光谱与散射光谱

当光照射介质时，与介质相互作用，会产生许多重要的光学现象，包括吸收、反射、透射以及散射等。通过记录这些效应的强度相对于能量的关系，可以得到各自的光谱，如散射谱、吸收谱、反射谱和光致发光谱。这些光谱提供了关于介质相互作用、内部结构和运动的重要信息。光的散射谱是其中之一，它描述了光在介质中遇到不均匀介质时的散射现象，反映了介质的微观结构和组成；吸收谱记录了介质对入射光能量的吸收程度，揭示了介质中的能级结构和电子跃迁过程；反射谱描述了入射光在介质表面发生反射的情况，反映了介质表面的光学性质和粗糙度；而光致发光谱则是材料受到光激发后发射出的光的频谱，它提供了材料内部结构和能级跃迁的信息。历史上，对原子光谱的研究对于理解原子结构和电子运动起到了关键作用。通过研究原子光谱，科学家揭示了原子中电子能级的分布规律以及电子跃迁的机制。这些研究成果对于量子理论的建立和发展产生了重大影响，推动了人类对微观世界的理解和技术的发展。

散射现象在光学研究中常常与反射、发射等其他光学现象一同出现（图 4–2）。因此，当人们记录和研究散射谱时，往往会同时记录到非散射谱。对于散射谱的研究而言，非散射谱是一种必须加以剔除的干扰光谱。散射谱是描述光在介质中遇到不均匀介质时发生散射现象的光谱，它反映了介质微观结构和组成的特征；而非散射谱则包括了介质对光的吸收、反射、透射以及光致发射等现象所产生的光谱。这些非散射谱与散射谱一同记录时，会给散射谱的分析和解释带来干扰和困难。在研究散射谱时，科学家必须将非散射谱剔除或与其他光谱区分开。这通常通过实验设计、数据处理和分析来实现。例如，在实验设计中可以采取措施减少非散射光的产生，如选择适当的实验条件和样品准备方法。在数据处理和分析中，可以通过数学模型或计算方法将非散射谱分离出来，使得散射谱的特征更加清晰和准确。

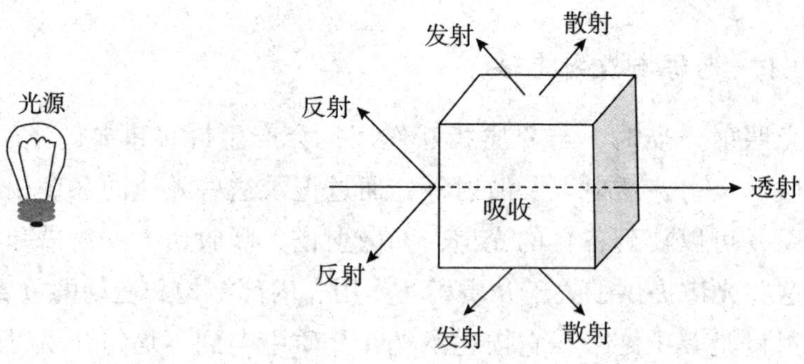

图 4–2　光学现象示意图

4.2.2　拉曼散射与拉曼光谱

（1）拉曼散射效应的应用与拉曼光谱

拉曼散射效应的发现开启了人们对拉曼光谱的深入研究，为分析分子的内部自由度提供了强有力的方法。拉曼光谱成了人们探索物质微观世界的重要工具，为化学、物理等领域的研究提供了新的途径和手段。

随着科学技术的不断发展，人们逐渐发现拉曼散射具有非弹性散射的特性，即在散射过程中光子的能量会发生变化。这一特性激发了科学家们对于利用拉曼散射效应操控物质中原子的外部自由度的兴趣。在 20 世纪 80 年代后期，一些杰出的科学家，如朱棣文、科恩 · 塔诺季和菲利普斯等，通过受激或非共振拉曼跃迁的方法，成功实现了对自由原子或中性原子的冷却，将样品的温度降至 37 μK，这标志着人类历史上首次实现对原子的有效操控。由于这一突破性的成就，朱棣文等 3 位科学家获得了 1997 年的诺贝尔物理学奖。随后，在 2000 年的第 17 届国际拉曼光谱学大会上，朱棣文再次报告了他们团队的新成就，即通过拉曼散射将样品温度进一步降至 290 nK，并成功研制出原子干涉计。这一成就不仅是对拉曼光谱技术的进一步发展，还标志着在原子物理学和冷原子物理学领域取得了重要进展。以上事实充分说明了拉曼光谱只是拉曼散射应用的一种途径和结果。

（2）拉曼光谱的基本特征

不同的光谱由于产生机制不同，具有各自独有的特征。拉曼光谱作为一种特殊的光谱，也拥有其独有的基本特征，这些特征使其与其他光谱区别开来。拉曼光谱的基本特征包括频移、相对强度和峰形等。频移指的是散射光与入射光频率之间的差异，其大小与物质的结构和振动模式相关。相对强度反映了不同振动模式对散射光的贡献程度，可用于分析样品中不同成分的含量和相对丰度。

在拉曼光谱图中，通常将波数（cm^{-1}）作为能量的单位，并令 ω_0（入射光的频率）为频率横坐标的零点，光谱图上标记的散射光频率常称为拉曼频率或拉曼频移。下面将参照图 4-3 的 ClC_4 的实验拉曼光谱，描述拉曼光谱的基本特征。

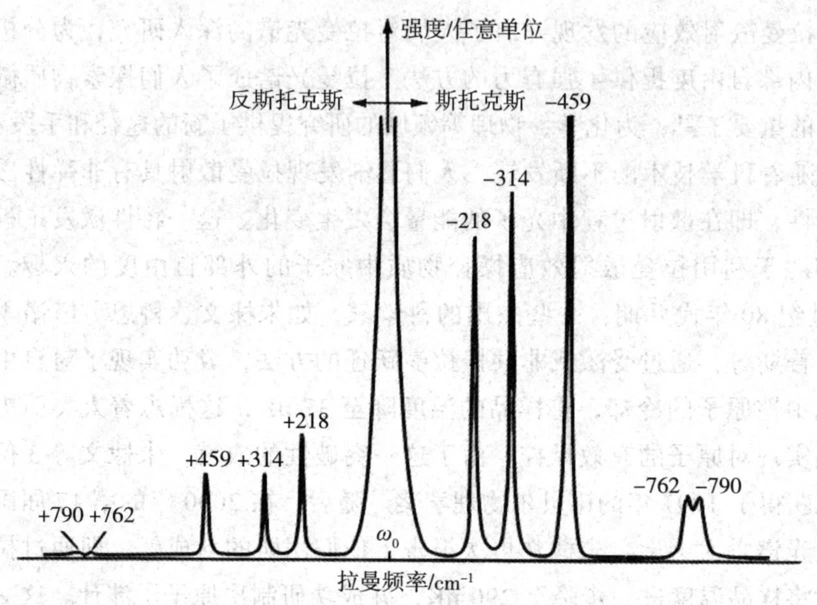

图 4-3　ClC_4 的实验拉曼光谱

因为散射体系 K 的能量 $E_K = \hbar\omega_K$ 是散射体系本身性质的体现，一般情况下，不会随入射光频率不同而变化。同时，根据斯托克斯与反斯托克斯的定义，斯托克斯和反斯托克斯频率 ω_S 和 ω_{AS} 的绝对值也必然应相等。

拉曼光谱具有能量守恒定律导出的频率特征，这些特征被视为拉曼光谱的共同特征，适用于任何介质的拉曼散射。这意味着无论是液体、固体还是气体，都会展现出相应的拉曼光谱特征，这为分析和鉴定提供了可靠的依据。在实际的拉曼光谱研究中，拉曼光谱常常会与其他光谱，尤其是光致发光光谱，同时发生和被记录。因此，处理和分析拉曼光谱数据成为实验后的首要问题。人们可以利用拉曼光谱的基本特征，将其与其他光谱区别开来，从而达到鉴定的目的。可以用不同波长激光进行激发，通过观察所测光谱的频率差随激发光波长的变化情况，轻松区分出光致发光谱和拉曼光谱。光致发光谱的频率差随激发光波长的变化通常会有变化，而拉曼光谱的频率差则相对稳定，不随激发光波长的变化而变化。拉曼光谱作为光谱，具有其独有的特征。通过了解拉曼光谱与其他光谱的不同之处，可以更深入地理解拉曼光谱所包含的信息以及区分拉曼光谱与其他光谱的方法。这有助于人们在实验数据处理和光谱解析中获得更准确和可靠的结果。

4.3　拉曼散射效应的发现和拉曼光谱学的发展

4.3.1　拉曼散射效应的发现

1921 年，印度物理学家拉曼在返回印度的船上穿过地中海时，被深蓝色的海水吸引，想起了瑞利关于海水呈现蓝色是因为蓝色天空在水表面反射的观点。然而，拉曼对此持怀疑态度，并进行了一项简单的实验来验证。拉曼在轮船上使用了一个设置在布鲁斯特角的尼科尔棱镜，以排除海面的反射光。结果，他观察到海水深处依然呈现出迷人的蓝色，这使他相信海水迷人的蓝色是由海水本身的散射引起的。回到印度后，拉曼立即展开了水的光散射研究。1923 年，他的研究团队成员拉曼内森进行了一项实验，将太阳光聚焦到装在细颈瓶内的水等液体中，并在入射和散射光方向放置了互补的滤光片。意外的是，即使排除了入射光的踪迹，仍然观察到了侧面残留的光的踪迹。拉曼内森将这种光解释为液体中杂质产生的“弱荧光”，但即使对液体进行反复纯化，“弱荧光”仍然存在。然而，拉曼并不满意这个解释，因为他认为这种“弱荧光”更像是当时刚发现的 X 射线的康普顿散射。1927 年冬天，他用经典理论推导出了康普顿散射公式，确定了这种“弱荧光”确实是一种类似于康普顿效应的辐射，是波长改变的非相干散射。随后，拉曼让他的学生进一步改进实验，进行液体纯化和重复观察。1928 年 1 月，他们发现通过纯甘油的散射光由通常的蓝色变成了浅绿色，这给他们带来了极大的激励。1928 年 2 月 7 日，克利希南证实了在许多有机液体和蒸气中存在由拉曼内森观察到的“弱荧光”。最终，拉曼本人亲自证明了这些观察结果，并于 1928 年 2 月 16 日写了题为《一种新型的二次辐射》的短信寄给了《自然》杂志。该短信描述了通过蓝—紫滤光片可以消除通过液体或蒸气样品的黄—绿光踪迹的情况。当将黄绿色滤光片移到样品和观察者的眼睛之间时，黄绿光踪迹重现，这成了存在拉曼散射光的证据。

拉曼效应的发现对物理学和光学研究产生了深远的影响，也为拉曼光谱学的诞生奠定了基础。当年拉曼观察到拉曼散射效应的实验装置如图 4-4 所示。

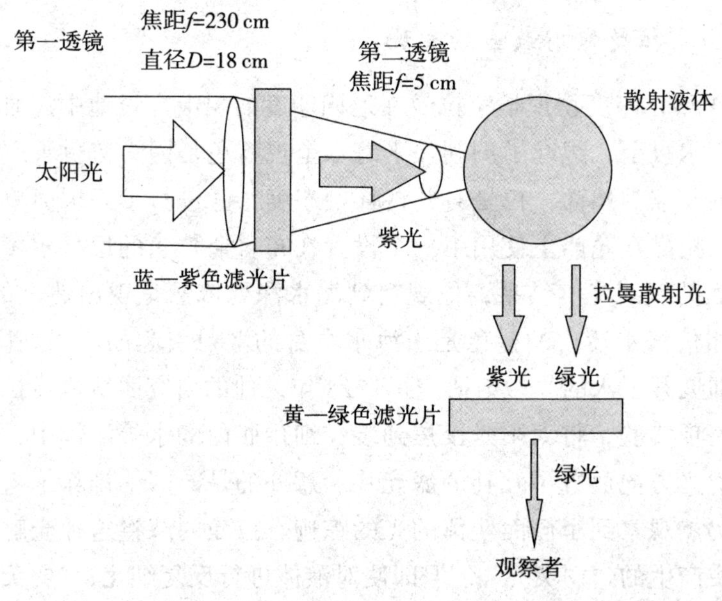

图 4-4　拉曼观察到拉曼散射效应的实验装置示意图

4.3.2　拉曼光谱学的发展

拉曼虽然向《自然》杂志提交了关于新型二次辐射的短信后，但他对实验结果并不满意。因此，他于 1928 年 2 月 27 日和 2 月 28 日分别使用太阳光和水银灯的 435.9 纳米谱线作为光源，以苯作为样品，进行了新的实验。拉曼通过使用分光镜观察样品的拉曼散射光谱，在蓝绿区观察到了尖锐的谱线。随后，拉曼让他的同事克雷施南拍摄了第一张包括斯托克斯和反斯托克斯分量的拉曼散射光谱图。

（1）拉曼光谱学的快速兴起和蓬勃发展

拉曼在《自然》杂志发表了关于新型二次辐射的短信后，全世界迅速掀起了研究和应用拉曼光谱的热潮。就在 1928 年《自然》杂志发表拉曼的短信之后不久，全球范围内已经有超过 60 篇关于拉曼效应的论文问世。到了 1939 年，国际上关于拉曼光谱的文献已经超过 1757 篇。这一时期可以被视为拉曼光谱学的快速兴起和蓬勃发展的时期。

（2）拉曼光谱学的沉默和停滞

早期的拉曼光谱实验受到了诸多限制，其中包括光源选择的局限性以及信号弱度和强杂散光的干扰等问题。因此，最初的拉曼光谱研究主要集中在化学分子振动谱的探索上。然而，第二次世界大战后，随着军用红外技术的飞速发展，红外光谱的设备和技术取得了很大进步。这一时期，红外光谱技术得到了广泛的应用和推广，几乎成了化学分子振动谱研究的主要方法。相比之下，拉曼光谱的研究却处于一种停滞的状态。由于红外光谱技术在化学分析领域的优势，以及拉曼光谱所面临的挑战和限制，科学界对拉曼光谱的兴趣和关注度逐渐减弱。在这一背景下，拉曼光谱的应用范围受到了限制，研究工作也相对较少。

（3）拉曼光谱学的复兴和辉煌

1960 年激光器的问世彻底改变了拉曼光谱研究的格局。激光器作为一种高度聚焦且能够产生高强度单色光的光源，迅速取代了传统的汞灯激发光源。在激光器发明不到两年后的 1962 年，科学家们首次使用脉冲红宝石激光（波长为 694.3 nm）作为光源，进行了激光拉曼光谱的实验，并成功地发表了相关论文。这篇论文的出现标志着传统的拉曼光谱学进入了激光拉曼光谱学的时代。激光的应用使得拉曼光谱信号的强度大大增加，提高了谱线的清晰度和分辨率，使得以前难以观测到的拉曼光谱

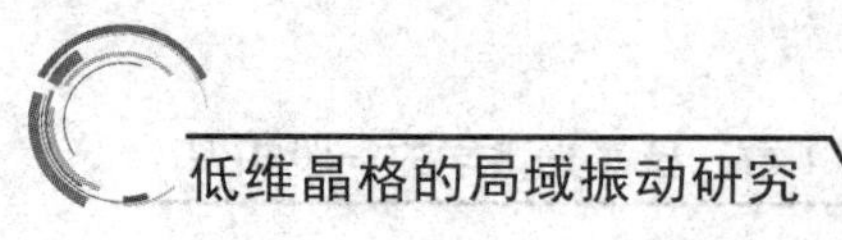

成为可能。这一突破性进展为拉曼光谱学带来了新的生机和活力，拉曼光谱学由此迎来了一次复兴，并重新开始了其辉煌的发展历程。

（4）中国科学家对发展拉曼光谱学的贡献

在传统拉曼光谱学时期，黄昆与玻恩合著的《晶格动力学理论》以及吴大猷先生的《多原子分子的振动谱和结构》对该领域的发展产生了深远影响。进入激光拉曼光谱学发展阶段后，黄昆和朱邦芬等人提出了被国际学术界称为黄朱模型的超晶格微观理论，这一理论被公认为超晶格拉曼散射最正确的理论之一。这一理论为低维体系的拉曼散射理论的出现奠定了基础，对拉曼光谱学的发展起到了重要的推动作用。中国在低维半导体和表面增强拉曼光谱学研究方面也取得了重要进展。1992 年，中国青年学者在第 22 届国际半导体物理会上，凭借关于半导体超晶格的拉曼光谱研究成果，获得了该会的“青年优秀论文奖”，这是中国学者第一次在该领域获得国际认可。随后，在历届国际拉曼光谱学大会上，中国学者凭借在低维半导体和表面增强方面出色的拉曼光谱学研究，不断受邀作大会和分会报告，展示了中国学者在该领域的重要地位和影响力。以黄昆为代表的中国学者在拉曼光谱学领域的发展中发挥了重要作用，他们的研究成果得到了国际学术界的广泛认可。通过他们的努力，中国科学家在世界拉曼光谱学领域的地位不断提升，为该领域的发展做出了重大贡献。他们的研究成果不仅丰富了拉曼光谱学的理论体系，还为相关理论的应用和技术创新提供了重要支撑，展现了中国科学家在国际舞台上的重要地位和影响力。

4.4 拉曼光谱应用概述

4.4.1 拉曼光谱应用的常规化

随着激光技术的发展和光学仪器的更新换代，拉曼光谱技术经历了革命性的变革和发展。光源从传统的汞灯逐渐被激光器所取代，这一变革不仅提高了光谱信号的强度和清晰度，还带动了光谱仪的其他部件的更新迭代。显微镜的应用使对样品的观察和操作变得更加简便快捷，全息光栅的使用提高了光谱分辨率和性能，电荷耦合探测器的引入使得光谱采集速度大幅提升，并且使数据的收集量大幅提升，而计算机的应用则实现了光谱测量的全自动化，大大提高了测量的效率和准确性。全息陷波片的引入对于抑制瑞利光的干扰具有重要意义，使得更多的拉曼光信号进入光谱仪。这些技术的结合使现在的拉曼光谱测量变得十分容易和快捷，同时大大提高了测量的精确度和灵敏度。在激光出现之前，拉曼光谱并没有成为常规的光谱测量手段，但是随着激光技术的普及和拉曼光谱技术的改进，如今的拉曼光谱已经成为常规的光谱测量手段，其应用范围也已经扩展到科学研究、工程技术和生产制造的广泛领域。拉曼光谱技术在材料分析、生物医学、环境监测等领域发挥着重要作用，为实现数据采集、分析和解释提供了有效手段，推动了相关领域的发展和进步。

4.4.2　拉曼光谱应用的基础

要进行拉曼光谱的应用，必须要了解拉曼光谱应用的物理基础，即了解拉曼光谱与应用对象的关联。本书以此双原子分子振动拉曼光谱应用为例，简单介绍一下拉曼光谱应用的物理基础。其他类型的拉曼光谱应用的物理基础在此就不一一介绍了。

假设双原子分子的原子质量为 m_1 和 m_2，2 个原子间的距离是 x，分子振动可以用如图 4-5 所示的 1 个弹簧的简谐振动模拟。

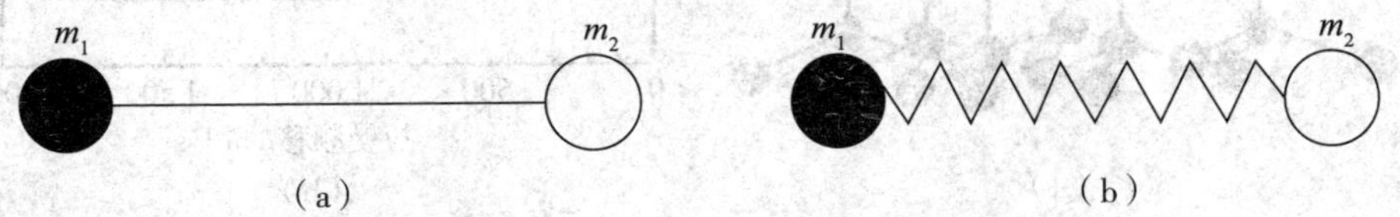

图 4-5　振动拉曼光谱与分子结构关联的示意图

该弹簧的振动的能量可以写成式 4-1。

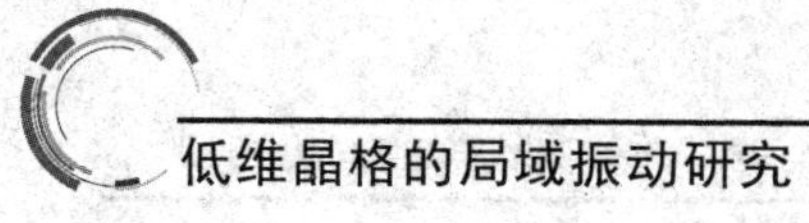

$$E = \frac{1}{2}\mu x^2 = \hbar\omega \quad (4-1)$$

其中$\mu = \frac{m_1 m_2}{m_1 + m_2}$是原子$m_1$和原子$m_2$的约化质量，$\omega$是简谐振动频率。由式 4-1 可以看到，对应拉曼光谱频率ω的振动能量与构成该分子的原子质量m_1和m_2以及两个原子之间的距离x相关，也就是说，和分子的具体成分、内部结构和运动状态等相联系；当然，精确的振动频率ω还与振动的力常数和多原子分子的键角等因素有关。

4.4.3 振动拉曼光谱应用简介

拉曼光谱的特征与原子质量m等有关，因此可以用拉曼光谱鉴别不同成分（组分）的物质。例如，如图 4-6 所示，虽然硅和金刚石有同样的晶体结构——金刚石结构，但是因为成分不同，它们的本征拉曼峰不同，分别位于 520 cm^{-1} 和 1 332 cm^{-1}，因此利用它们的本征拉曼峰，就可以方便地把它们区分开。

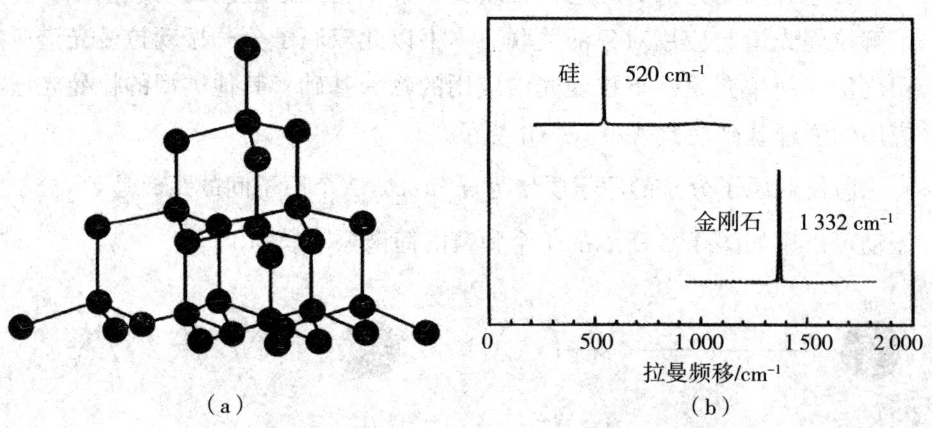

图 4-6 硅和金刚石的晶体结构和特征拉曼谱

随着拉曼光谱技术的不断进步，现如今已经可以利用极微量的样品进行化学分子的鉴别工作。这一技术在多个领域展现了其巨大的应用潜力。举例来说，警察部门可利用这项技术，从疑犯手上识别出可卡因分子的特征拉曼光谱，将疑犯定罪。这个案例展示了拉曼光谱技术在犯罪调查和司法领域的重要作用，其高灵敏度和准确性为犯罪侦查提供了有力工具。拉曼光谱技术在考古研究中也发挥着重要作用。通过对古物的化学成分和物理性质等进行拉曼光谱分析，考古学家可以获取宝贵的相关信息，从而揭示古代文明的发展和演变过程。这种非破坏性的分析方法为考古学家提供了一个强大的工具，可以帮助他们了解古代文化、制作工艺和贸易活动等方面的信息，有助于还原历史的真实面貌。

第5章　光散射的理论基础

光散射理论在物理学和光谱学领域扮演着重要的角色，它为人们揭示了光散射发生的机制、特征和规律，同时提供了计算散射结果的方法。这一理论涵盖了宏观（经典）理论和微观（量子）理论两个方面，分别从经典物理学和量子力学的角度探讨了光散射的本质。

1871年，瑞利提出了光分子散射强度与入射光波长的4次方成反比，即瑞利散射定律。这一理论揭示了光散射强度与入射光波长的关系，为后续的光散射研究奠定了基础。随后，布里渊提出了光散射的量子理论，预言了布里渊散射和拉曼散射现象。这些理论的提出对光散射现象的解释和预测具有重要意义，为后续实验的设计和解释提供了指导。随着计算机技术和量子力学的发展，人们逐渐开始尝试用量子力学理论对光散射进行严格的计算，即所谓的"从头算"。从头算指不使用任何经验参数，仅使用电子质量、光速、质子和中子质量等少量实验参数来进行计算。这种计算方法虽然工作量很大，但能够提供更加精确的散射结果，为理解光散射现象提供了新的视角。然而，由于计算量庞大，精确计算仍然局限于较小的原子体系。因此，大规模的光散射理论计算仍然主要依赖唯象或半唯象理论。

光散射理论的研究不仅仅局限于理论计算，还涉及实验验证和现象解释。通过与实验结果的比对，人们可以验证理论模型的准确性，并揭示实验现象的本质。因此，理论计算与实验研究相辅相成，在光散射理论的发展中起着不可或缺的作用。

5.1　散射概率

散射概率表示单位时间内一个载流子（电流载体）受到辐射的次数，其是描述粒子散射过程的基本物理量，涵盖了粒子散射现象的核心特征和定量信息。在物理学中，尤其在粒子物理、光学和材料科学等领域，散射概率扮演着极为重要的角色。它不仅是理解散射过程的基础，还是连接理论与实验的桥梁。

散射概率指单位时间内被散射的粒子数占总入射粒子数之比，这个定义简洁而直观，提供了一个量化散射事件发生频率的方式。当进一步细化到微分散射概率时，我们关注的焦点是单位时间内被散射到单位立体角内的粒子数占总入射粒子数的比值，或者是这些粒子的能量落在特定范围内的情况。微分散射概率提供了对散射过程更为精细的描述，能够揭示更多关于散射机制和粒子间相互作用的信息。

在散射实验中，通过测量散射光谱等方法可以直接获取散射概率和微分散射概率的数据。这些实验结果不仅能够验证物理理论和模型的准确性，还能为研究粒子间的相互作用提供实验依据。例如，在粒子物理实验中，通过探测高能粒子碰撞产生的散射粒子分布，科学家可以探究基本粒子的性质和基本力的特性；在材料科学中，通过分析光或中子散射谱，可以了解材料的微观结构和动力学性质。从理论角度来看，散射概率的计算基于精确的物理模型和数学方法。通过应用量子力学原理和散射理论，理论物理学家能够对特定条件下的散射过程进行模拟和预测。这些理论计算不仅需要考虑粒子的性质和相互作用势，还需考虑实验条件的具体设置，如入射粒子的能量、散射目标的几何结构等因素。

散射概率的理论计算与实验测量之间的比较，是物理学研究中的常见的研究方法。通过这种比较，不仅可以检验理论模型的正确性和适用范围，还能深入理解实验现象背后的物理本质。在这个过程中，可能发现新的物理机制或现象，推动物理学的发展。此外，散射实验和理论研究的结合，为开发新型材料、新技术提供了科学基础，对于探索自然界的奥秘具有重要意义。

5.2 光散射的宏观理论

在光散射的宏观理论中，经典电动力学的电偶极辐射理论扮演着重要的角色。这一理论将光散射的过程描述为散射体（如电子、原子、分子等）在光场作用下产生电偶极矩，从而发出辐射的过程。在这个理论框架下，散射体被模拟为经典的偶极子，其运动和振荡导致了辐射的发生。

当光线照射到散射体上时，光场会对散射体内的电荷分布施加力，从而引起电荷的加速和振荡。这种振荡产生的电偶极矩会辐射电磁波，形成散射光。在经典电动力学的框架下，可以用经典的麦克斯韦方程描述散射体的振荡和辐射过程，从而推导出散射光的强度和频谱等相关参数。散射体内部的元激发，如声子、准电子、自旋子等，也被模拟为经典的偶极子，以便在电偶极辐射理论中进行处理。虽然这种做法在一定程度上简化了问题，但在大多数情况下，它能够很好地解释和预测实验中观测到的光散射现象。

5.2.1 电偶极辐射和感生电偶极矩

（1）电偶极辐射

根据经典电动力学，电偶极辐射示意图如图 5-1 所示。

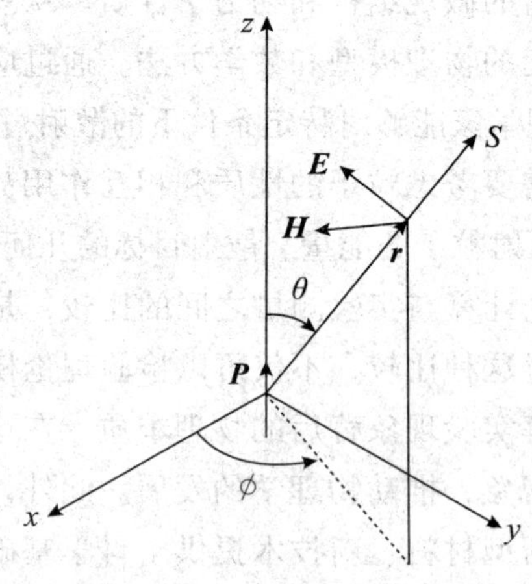

图 5-1 电偶极辐射示意图

在坐标原点（$\boldsymbol{r}=0$）的角频率为ω的振荡电偶极矩$\boldsymbol{P}$，在离原点远远大于光波波长的地方$\boldsymbol{r}$，$\boldsymbol{P}$所产生的辐射电场$\boldsymbol{E}$为式 5-1：

$$\boldsymbol{E}=-\frac{\omega^2\boldsymbol{p}\sin\theta}{c^2\boldsymbol{r}}\cos(\omega t-k\boldsymbol{r})\boldsymbol{e}_E \qquad (5-1)$$

式中：$\boldsymbol{P}$为偶极矩的振幅；c为真空中的光速；$k=\frac{\omega}{c}$，是波矢$\boldsymbol{k}$的幅度；$\boldsymbol{e}_E$为在$\boldsymbol{r}$和$\boldsymbol{P}$组成的平面上垂直于$\boldsymbol{r}$方向上的单位矢量，θ是$\boldsymbol{r}$和$\boldsymbol{P}$之间的夹角。

求光散射的微分散射截面必须知道产生散射光的电偶极矩$\boldsymbol{P}$。在经典的光散射理论中，求解微分散射截面实质上就是寻找由入射光场感生的电偶极矩。

（2）感生电偶极矩和极化率张量

当入射光较弱，如光源是太阳、汞灯或氙灯时，当其照射到含有带电粒子的体系上时，带电粒子会受到入射波的作用，导致局部运动并产生感生电偶极矩。这种现象在微弱光照条件下是常见的，因为光的强度不足以对体系产生显著的影响，但仍足以引起微小的局部运动，从而形成电偶极矩。感生电偶极矩$\boldsymbol{P}$与入射光波电场$\boldsymbol{E}$成线性关系，可表示为式 5-2：

$$\boldsymbol{P}=\alpha\cdot\boldsymbol{E} \qquad (5-2)$$

式中：α为极化率，反映介质本身的性质。

5.2.2　孤立原子的光散射

原子可以看成由原子核和被原子核束缚而绕核运动的电量为 e、质量为m的电子构成。电子绕核的运动可以用简谐振动描述，它的本征振动频率$\omega=(\mathrm{K}/m)^{1/2}$，其中K是简谐振动的力常数。

根据经典电动力学的理论，如果电子有位移，就会产生电偶极矩。而由简谐振动导致的电子的位移$r(t)$所产生的电偶极矩可以表达为式 5-3：

$$\mathbf{P}(t) = -er(t) \tag{5-3}$$

在振动方向为n_0，频率为ω_0的入射光波电场为式 5-4：

$$E_0 = n_0 E_0 e^{-k_0 t} \tag{5-4}$$

在式 5-4 中，E_0表示电场的振幅，n_0表示与电场相关的折射率，k_0表示与增长率相关的实数系数，t表示时间。在入射光波电场的作用下，可以用下列经典运动方程求解被原子核束缚的电子的位移r（式 5-5）。

$$m\ddot{\boldsymbol{r}} = -\mathrm{K}\boldsymbol{r} - m\dot{\gamma}\boldsymbol{r} + e n_0 E_0 e^{-k_0 t} \tag{5-5}$$

在式 5-5 中，左边的项中的m是质量，$\ddot{\boldsymbol{r}}$是位置$\boldsymbol{r}$的二阶时间导数。右边第 1 项是原子核对电子的束缚力，K是简谐振动的力常数；第 2 项是阻尼力，γ是阻尼系数，$\dot{\gamma}$是γ的导数；第 3 项是电场作用力，e是电荷量，n_0是系数，E_0是初始电场强度，$e^{-k_0 t}$是随时间衰减的因子。该微分方程的解为式 5-6：

$$r(t) = \left(\frac{e}{m}\right)\frac{1}{\omega_0^2 - \omega^2 + \mathrm{i}\omega_0\gamma} n_0 E_0 e^{-\mathrm{i}\omega_0 t} \tag{5-6}$$

在式 5-6 中，$r(t)$表示位置向量随时间变化的函数；e表示电荷量；m表示质量；ω_0表示系统的固有频率；ω表示外部驱动频率；i表示虚数单位，描述相位差；γ表示阻尼系数；n_0表示某个与介质相关的数值常数。把式 5-6 代入式 5-3，得到原子极化率$\alpha(\omega_0)$的表达式为式 5-7：

$$\alpha(\omega_0) = \left(\frac{e^2}{m}\right)\frac{1}{\omega^2 - \omega_0^2 - \mathrm{i}\omega_0\gamma} \tag{5-7}$$

利用电偶极辐射的相关公式，可以计算原子感生电偶极矩所产生的辐射场的强度和能流密度。将这些值代入计算微分散射截面的公式中，就可以得到孤立原子光散射的微分散射截面（式 5-8）：

$$\frac{d^2\sigma}{d\Omega dE}=\frac{1}{Nj_{0,z}}\frac{e^4E_0^2}{8\pi m^2c^3}\frac{\omega^4}{\left(\omega_0^2-\omega^2\right)^2+\omega_0^2\gamma^2}\sin^2\theta e_r \tag{5-8}$$

在式 5-8 中，$d^2\sigma$表示散射截面σ的二阶微分，$d\Omega$表示微分立体角，dE表示粒子在散射过程中能量的微小变化，$Nj_{0,z}$中的N表示一个数值，$j_{0,z}$表示特定条件下的安全系数。

光散射的宏观理论在解释光散射的机制和光散射谱的特性方面提供了很多令人满意的解释。然而，对于涉及微观机制的一些问题，如斯托克斯和反斯托克斯散射的强度以及某些选择定则，经典理论无法给出令人满意的解释，需要依靠微观理论来进行解释。微观理论能够更准确地描述光与物质微观结构相互作用的过程，从而给出了更深入的解释。

5.3　光散射的微观理论

在描述光散射时，可以采用微观理论，其中量子力学为人们提供了一种强大的框架。在量子场论的描述中，人们将整个散射体系视为由量子化的粒子构成，包括入射光和散射光所携带的光子，以及散射靶所构成的靶粒子或准粒子。光子与靶粒子相互作用的过程涉及光子和靶粒子的产生和湮没，从而导致入射光子、靶粒子和散射光子之间的状态改变。

虽然人们通常将入射和散射光描述为电磁波，但靶粒子仍然被视为量子化的粒子。在这种情况下，人们将靶粒子的产生和湮没等同于靶粒子量子态的变化，这是在非相对论情况下的量子场论和量子力学框架下讨论光散射问题的一种途径。量子力学提供了对线性光散射的机制和基本特征等问题的良好解释。通过量子力学理论，人们可以深入理解光子与靶粒子相互作用的微观过程，以及导致光子能量和动量改变的机制。虽然量子场论在描述光散射方面提供了更为丰富的框架，但对其深入理解需要更高深的理论知识，超出了本书的范围。因此，本书对于光散射的微观理论的讨论将局限于使用量子力学理论进行讨论。这种选择既能够有效地诠释光散射的基本特性，又不至于超出读者的理解范围，使得读者能够更好地理解和应用光散射的相关概念和理论。

5.3.1 微分散射截面与量子跃迁概率

振动光散射的量子力学模型如图 5-2 所示。在图 5-2 中，实线和虚线分别代表实际的和虚拟的能级跃迁。光散射过程如下：入射光照射到靶粒子体系后，靶粒子受到光波的影响，从一个量子态跃迁到另一个量子态，同时辐射散射波。这种量子态的跃迁可以发生在不同的方式下，从而导致不同类型的光散射。例如，瑞利散射是由靶粒子在跃迁过程中吸收并重新辐射入射光引起的；而反斯托克斯和斯托克斯散射则是由靶粒子在跃迁过程中吸收或释放能量，使散射波的频率发生变化引起的。

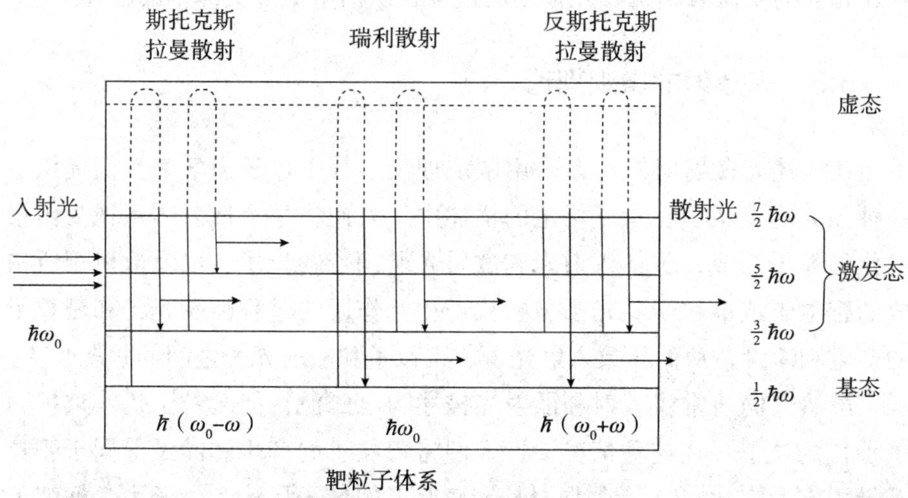

图 5-2 振动光散射的量子力学描绘的示意图

微分散射截面$\frac{\mathrm{d}^2\sigma}{\mathrm{d}E\mathrm{d}\Omega}$与发生能级跃迁的概率$R$成比例，因此求解跃迁概率$R$是得到微分散射截面$\frac{\mathrm{d}^2\sigma}{\mathrm{d}E\mathrm{d}\Omega}$和用量子力学解释光散射的关键。

5.3.2　量子跃迁概率与含时间微扰论

在光散射事件中，由入射光波与靶粒子相互作用发生的跃迁概率R通过求解下列含时间的薛定谔方程获得式 5–9：

$$\hat{H}(t)\psi(\boldsymbol{r},t)=\mathrm{i}\hbar\frac{\partial}{\partial t}\psi(\boldsymbol{r},t) \tag{5-9}$$

式中，$\hat{H}(t)$是含时间的哈密顿算符，$\psi(\boldsymbol{r},\boldsymbol{t})$是描写体系状态的波函数，$\hbar$表示约化普朗克常数，$\frac{\partial}{\partial t}$表示对时间$t$进行偏微分的运算。假设$H_0$和$\hat{H}'(t)$分别是与时间 t 无关和相关的哈密顿算符，并设哈密顿算符可以写为式 5–10：

$$\hat{H}(t)=\hat{H}_0+\hat{H}'(t) \tag{5-10}$$

含时间的薛定谔方程就可以改写为式 5–11：

$$\left\{\hat{H}_0+\hat{H}'(t)\right\}\psi(\boldsymbol{r},t)=\mathrm{i}\hbar\frac{\partial}{\partial t}\psi(\boldsymbol{r},t) \tag{5-11}$$

而$\hat{H}_0$的本征函数和本征值ε_n可以由下列定态薛定谔方程获得式 5–12：

$$\hat{H}_0\varphi_n(\boldsymbol{r})=\varepsilon_n\varphi_n(\boldsymbol{r}) \tag{5-12}$$

在式 5–12 中，$\varphi_n(\boldsymbol{r})$是哈密顿算符$\hat{H}_0$的第$n$个本征函数，$\varepsilon_n$是与本征函数$\varphi_n(\boldsymbol{r})$对应的本征值。在光散射事件中，$\hat{H}_0$和$\hat{H}(t)=\hat{H}_0+\hat{H}'(t)$分别代表光波和靶粒子之间不存在和存在相互作用时的哈密顿算符，而光波对靶粒子作用$\hat{H}'(t)$可以看成对体系的微扰，也就是说，$\hat{H}'(t)$与$\hat{H}_0$相比是小量，所以可以用含时间的微扰论方法，求解含时间的薛定谔方程。

在含时间的微扰论方法中，将 $\psi(\boldsymbol{r},t)$ 按$\hat{H}_0$与时间相关的本征函数（式 5–13）

$$\psi_n(\boldsymbol{r},t)=\varphi_n(\boldsymbol{r})\exp\left(-\mathrm{i}\varepsilon_n t/\hbar\right) \tag{5-13}$$

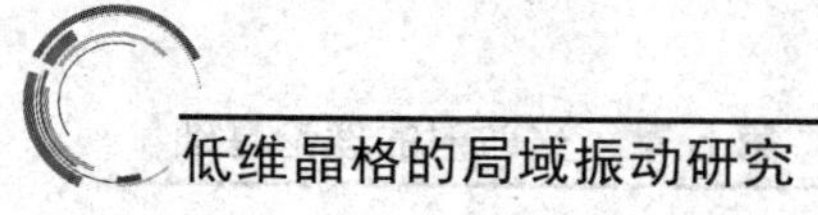

将$\psi(\boldsymbol{r},t)$展开，得到式 5-14：

$$\psi(\boldsymbol{r},t)=\sum_{n}C_{n}(t)\varphi_{n} \tag{5-14}$$

显然，$C_n(t)$ 就是$\psi(\boldsymbol{r},t)$在以φ_n为基矢的坐标系中的波函数，也代表微扰后的体系$\psi(\boldsymbol{r},t)$在态φ_n概率，所以$|C_n(t)|^2$就代表了由初态φ_k跃迁到φ_n的概率。因此，求出$C_n(t)$就能求出跃迁概率R。

按微扰论方法，$\hat{H}'(t)$可以进一步分成 0 级、1 级、2 级等若干级微扰，与此相应，$C_n(t)$可以写成式 5-15：

$$C_{n}(t)=C_{n}^{(0)}(t)+C_{n}^{(1)}(t)+C_{n}^{(2)}(t)+\cdots \tag{5-15}$$

其中，0 级的$C_n^{(0)}(t)$实际上就是无微扰时的情形，可以假设它处在$\hat{H}_0$的第k个本征态$\varphi_k(\boldsymbol{r})$，而通过解含时间的薛定谔方程，可得到对应于 1 级微扰的$C_n^{(1)}(t)$的值（式 5-16）：

$$C_{n}^{(1)}(t)=\frac{1}{\mathrm{i}\hbar}\int_{0}^{t}\exp\left(\mathrm{i}\omega_{nk}t\right)H_{nk}'\mathrm{d}t \tag{5-16}$$

在式 5-16 中，$C_n^{(1)}$表示在时间t时刻，系统由初始态k跃迁到态n的 1 级微扰近似下的概率振幅；i表示虚数单位，i^2=1；$\hbar$表示约化普朗克常数；ω_{nk}是与能级n和k相关的频率差，H_{nk}'是哈密顿算符的矩阵元。式 5-16 中的矩阵元为式 5-17、式 5-18：

$$H_{nk}'(t)=\left\langle\varphi_{n}(\boldsymbol{r})\middle|H'(t)\middle|\varphi_{k}(\boldsymbol{r})\right\rangle \tag{5-17}$$

$$\omega_{nk}=\frac{\left(\varepsilon_{n}-\varepsilon_{k}\right)}{\hbar} \tag{5-18}$$

在式 5-17 中，$H_{nk}'(t)$是哈密顿算符在态k和态n之间的矩阵元，随时间t变化，反映了微扰的动态性质；$\phi_n(\boldsymbol{r})$是波函数，其复共轭形式$\langle\phi_n^*(\boldsymbol{r})$

在 bra-ket 表示中可以对应为 bra 向量$\langle\phi_n|$；$H'(t)$表示时间依赖的微扰哈密顿算符；$\boldsymbol{r}$表示空间坐标。在式 5-18 中，ω_{nk}表示从态k到态n的角频率差，ε_n和ε_k分别为量子态n和k的能量本征值。因此，从态$\varphi_k(\boldsymbol{r})$跃迁至态$\varphi_n(\boldsymbol{r})$的概率为式 5-19：

$$R_{nk}(t)=\frac{1}{\hbar^2}\left|\int_0^t \exp\left(\mathrm{i}\omega_{nk}t\right)H'_{nk}\mathrm{d}t\right|^2 \tag{5-19}$$

在式 5-19 中，$R_{nk}(t)$表示从量子态k到量子态n的跃迁概率。

第 6 章　拉曼光谱的实验基础

6.1　实验的基础知识

前面已经阐明微分散射截面$\frac{d\sigma}{d\Omega dE}$是散射事件的基本物理量，包含了由散射事件产生的信息。拉曼光谱实验的内容就是测量微分散射截面$\frac{d\sigma}{d\Omega dE}$，即测量确定立体角内的散射光强度$I$随能量$E$（频率$\nu$或角频率$\omega$）的变化，所获得的结果就是拉曼散射的频谱，即拉曼光谱。拉曼光谱与微分散射截面$\frac{d\sigma}{d\Omega dE}$的对应关系如图 6-1 所示。

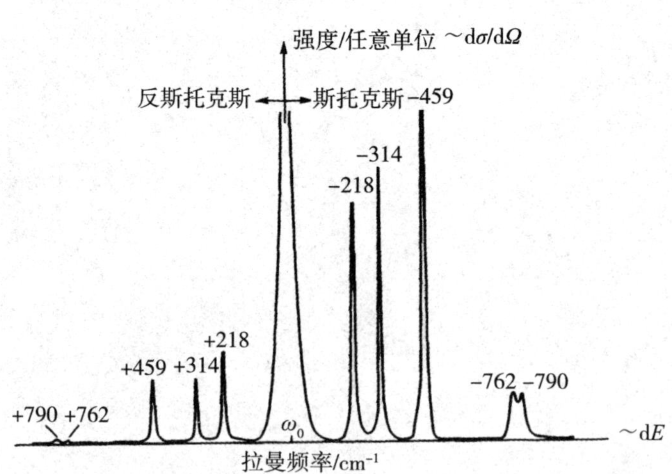

图 6-1　微分散射截面$\frac{d\sigma}{d\Omega dE}$与拉曼光谱对应关系的示意图

由于实验条件不同，拉曼光谱呈现出了多种不同类型。其中，一种常见的类型是偏振拉曼光谱，它涉及激发光源和收集的散射光都具有确定的偏振方向。这种光谱可以提供关于样品中各向异性分子振动的信息。另一种类型是角分辨拉曼谱，它记录了在确定的激发光传播方向下，散射方向不同的散射光的光谱。这种光谱有助于研究样品中的微观结构及其取向。在非常规条件下进行的实验产生的拉曼光谱被统称为极端条件下的拉曼谱。例如，在高温、低温、高压或外加电、磁场等条件下进行实验会导致样品的物理性质发生变化，从而影响其拉曼光谱。这种类型的谱为研究材料在极端条件下的行为提供了重要信息。显微拉曼光谱或空间分辨拉曼光谱是通过显微外光路获得的，它能够在微观尺度上观察样品的局部区域，从而揭示样品中微观结构的空间分布。这种谱在材料科学和生物医学等领域中具有广泛的应用。瞬态拉曼光谱或时间分辨拉曼光谱是通过脉冲激光激发和瞬时接收方法获得的，它可以提供关于样品中动态过程的信息，如化学反应、振动和输运等。这种类型的谱对于研究光诱导动态过程具有重要意义。表面增强拉曼光谱是在具有表面增强效应的样品表面进行的拉曼光谱测量。在这种情况下，表面结构会增强拉曼信号，使得谱线更清晰、更强烈，从而提高了检测灵敏度和分辨率。非线性拉曼光谱是由非线性光学效应产生的，它涉及拉曼光谱中的非线性过程，如双光子吸收拉曼效应和超声波拉曼效应等。这种类型的谱在研究光学非线性效应和材料性质方面具有重要应用。

为了明白标示不同的实验条件以及不同类型的光谱，引入了一些与实验条件和光谱结果有关的标记符号。

6.1.1　实验条件的标记

为了标记不同的实验条件，引入了所谓几何配置符号 $G_1(G_2G_3)G_4$。实验的几何配置通常采用笛卡儿坐标系，因此 G_i 用 X,Y 和 Z 表示。其中，G_1 和 G_4 分别表示入射光的传播方向和散射光的收集方向，G_2 和 G_3 分别表示入射光和散射光的偏振方向。

6.1.2 光谱结果的标记

（1）拉曼光强符号

为了便于用$G_1(G_2G_3)G_4$标记拉曼光谱的测量结果，人们把由G_1和G_4两个方向所构成的平面称为散射平面，并作为一个基准面使用。电场偏振方向垂直或平行于散射平面，或者是自然（圆偏振）光，分别用⊥、//或n表示。

人们引入了一个标记拉曼光强的符号$^{\perp}I_{//}(\theta)$。符号I的左上角和右下角的位置分别是标记入射和散射光偏振状态标记的地方，θ标记入射光和散射光之间的夹角。两种拉曼散射实验配置及其对应的几何配置和光强符号如图 6-2 所示。

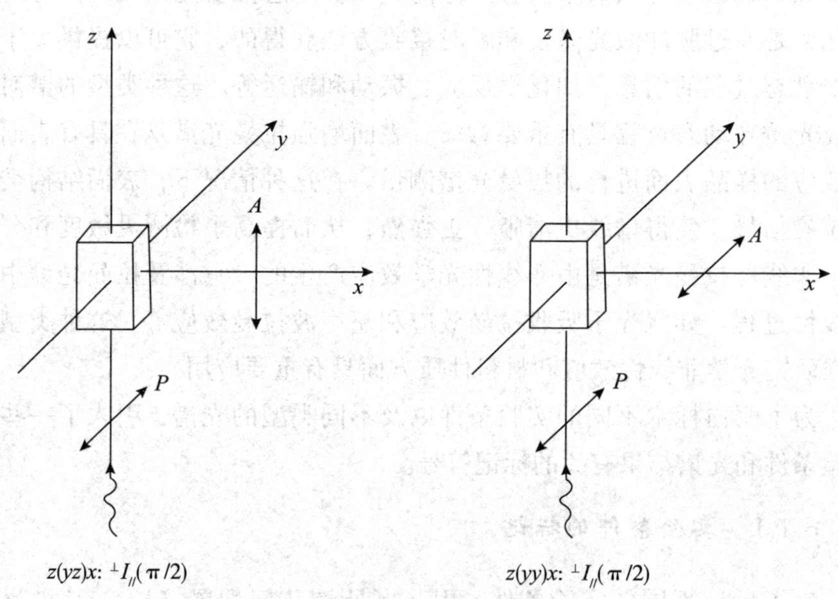

图 6-2　两种拉曼散射实验配置及其对应的几何配置和光强符号

（2）退偏度及其标记

①退偏度。对于空间取向不固定的分子或分子取向无规则的原子或

分子体系，光的散射行为呈现出了复杂的特征。即使是平面偏振光入射，散射光的偏振方向也可能与入射光不同，并且散射光本身可能不再是平面偏振光。这种现象的出现是由于散射体系中的分子或粒子的取向无规则，导致散射光的偏振状态不确定。在实际工作中，人们常常遇到的散射体系是由多个分子或粒子组成的体系，而这些分子或粒子的取向通常是无规则的。例如，在气体和液体中，分子的位置和取向是不断变化的，因此导致了散射光的偏振状态的随机性。人们在用拉曼光谱研究这种体系时，引入了退偏度 $\rho_w(\theta)(w=n,//,\perp)$ 的概念。它的定义式如式 6–1 至式 6–3：

$$\rho_{\mathrm{n}}(\theta)=\frac{{}^{\mathrm{n}}I_{//}(\theta)}{{}^{\mathrm{n}}I_{\perp}(\theta)} \tag{6–1}$$

$$\rho_{\perp}(\theta)=\frac{{}^{\perp}I_{//}(\theta)}{{}^{\perp}I_{\perp}(\theta)} \tag{6–2}$$

$$\rho_{\mathrm{s}}(\theta)=\frac{{}^{//}I_{\perp}(\theta)}{{}^{\perp}I_{\perp}(\theta)} \tag{6–3}$$

其中，θ 为入射光传播方向和散射光收集方向之间的夹角；$\rho_{\mathrm{n}}(\theta)$ 为入射光是自然光时的退偏度；$\rho_{\perp}(\theta)$ 为偏振方向垂直于散射平面时的退偏度；$\rho_{\mathrm{s}}(\pi/2)$ 为入射光偏振方向改变而散射光偏振方向不变时的退偏度。根据 $\rho_{\mathrm{s}}(\pi/2)$ 的定义，在测量 $\rho_{\mathrm{s}}(\pi/2)$ 时，不用改变散射光偏振方向，因此对光谱仪的响应效率色散不用做修正。也就是说，在光谱仪的散射光路中无须把偏振光改成等价于自然光的圆偏振光的元件，从而给测量带来很大方便。

②退偏度的微商极化率表达和对称性。退偏度可以用微商极化率张量 $\boldsymbol{\alpha}'$ 中各个分量 $\boldsymbol{\alpha}'_{ij}$ 二次乘积的空间平均值来表达。对于无规取向的分子，$\boldsymbol{\alpha}'_{ij}$ 二次乘积的空间平均值可按式 6–4 至式 6–6 计算：

$$\overline{\left(\boldsymbol{\alpha}_{xx}^{'}\right)^{2}}=\overline{\left(\boldsymbol{\alpha}_{yy}^{'}\right)^{2}}=\overline{\left(\boldsymbol{\alpha}_{zz}^{'}\right)^{2}}=\frac{1}{45}\left(45a^{2}+4\gamma^{2}\right) \tag{6-4}$$

$$\overline{\left(\boldsymbol{\alpha}_{xy}^{'}\right)^{2}}=\overline{\left(\boldsymbol{\alpha}_{yz}^{'}\right)^{2}}=\overline{\left(\boldsymbol{\alpha}_{zx}^{'}\right)^{2}}=\frac{1}{15}\gamma^{2} \tag{6-5}$$

$$\overline{\left(\boldsymbol{\alpha}_{xx}^{'}\boldsymbol{\alpha}_{yy}^{'}\right)}=\overline{\left(\boldsymbol{\alpha}_{yy}^{'}\boldsymbol{\alpha}_{zz}^{'}\right)}=\overline{\left(\boldsymbol{\alpha}_{zz}^{'}\boldsymbol{\alpha}_{xx}^{'}\right)}=\frac{1}{45}\left(45a^{2}-2\gamma^{2}\right) \tag{6-6}$$

在式 6−4 中，$\overline{\left(\boldsymbol{\alpha}_{xx}^{'}\right)^{2}}$、$\overline{\left(\boldsymbol{\alpha}_{yy}^{'}\right)^{2}}$、$\overline{\left(\boldsymbol{\alpha}_{zz}^{'}\right)^{2}}$分别表示在$xx$、$yy$和$zz$方向上极化率张量元素的平方的空间平均值，$\boldsymbol{\alpha}_{xx}^{'}$、$\boldsymbol{\alpha}_{yy}^{'}$、$\boldsymbol{\alpha}_{zz}^{'}$分别表示分子极化率张量的对角线分量。由$\frac{1}{45}\left(45a^{2}+4\gamma^{2}\right)$可以计算出平均平方极化率的值。

在式 6−5 中，$\overline{\left(\boldsymbol{\alpha}_{xy}^{'}\right)^{2}}$、$\overline{\left(\boldsymbol{\alpha}_{yz}^{'}\right)^{2}}$、$\overline{\left(\boldsymbol{\alpha}_{zx}^{'}\right)^{2}}$分别表示分子极化率张量中$xy$、$yz$和$zx$分量平方的空间平均值，$\boldsymbol{\alpha}_{xy}^{'}$、$\boldsymbol{\alpha}_{yz}^{'}$、$\boldsymbol{\alpha}_{zx}^{'}$分别表示分子极化率张量的非对角线元素，表示分子在两个正交方向之间的极化率，$\frac{1}{15}\gamma^{2}$表示非对角极化率分量平方的平均值。

在式 6−6 中，$\overline{\left(\boldsymbol{\alpha}_{xx}^{'}\boldsymbol{\alpha}_{yy}^{'}\right)}$、$\overline{\left(\boldsymbol{\alpha}_{yy}^{'}\boldsymbol{\alpha}_{zz}^{'}\right)}$、$\overline{\left(\boldsymbol{\alpha}_{zz}^{'}\boldsymbol{\alpha}_{xx}^{'}\right)}$分别表示分子极化率张量中的$xx$和$yy$、$yy$和$zz$以及$zz$和$xx$方向的对角元素乘积的空间平均值。由$\frac{1}{45}\left(45a^{2}-2\gamma^{2}\right)$可计算乘积平均值。

而$\boldsymbol{\alpha}^{'}$二阶张量中的其他分量的二次平均值均为 0。

上面各等式右方中的a为平均极化率，是极化率的一种度量；γ为各向异性率。这两个量在坐标转动时均不变，具体表达式分别为式 6−7、式 6−8：

$$a=\frac{1}{3}\left(\boldsymbol{\alpha}_{xx}^{'}+\boldsymbol{\alpha}_{yy}^{'}+\boldsymbol{\alpha}_{zz}^{'}\right) \tag{6-7}$$

$$\gamma^2 = \frac{1}{2}\left[\left(\boldsymbol{\alpha}'_{xx} + \boldsymbol{\alpha}'_{yy}\right)^2 + \left(\boldsymbol{\alpha}'_{yy} + \boldsymbol{\alpha}'_{zz}\right)^2 + \left(\boldsymbol{\alpha}'_{zz} + \boldsymbol{\alpha}'_{xx}\right)^2 + 6\left(\boldsymbol{\alpha}'_{xy}\right)^2 + 6\left(\boldsymbol{\alpha}'_{yz}\right)^2 + 6\left(\boldsymbol{\alpha}'_{zx}\right)^2\right] \tag{6-8}$$

对于如图 6-2 所示的散射配置，用微商极化率表达的退偏度分别为式 6-9 至式 6-11：

$$\rho_{\mathrm{n}}\left(\frac{\pi}{2}\right) = \frac{\overline{\left(\boldsymbol{\alpha}'_{zx}\right)^2} + \overline{\left(\boldsymbol{\alpha}'_{xy}\right)^2}}{\overline{\left(\boldsymbol{\alpha}'_{yx}\right)^2} + \overline{\left(\boldsymbol{\alpha}'_{yy}\right)^2}} = \frac{6\gamma^2}{45a^2 + 7\gamma^2} \tag{6-9}$$

$$\rho_{\perp}\left(\frac{\pi}{2}\right) = \frac{\overline{\left(\boldsymbol{\alpha}'_{zy}\right)^2}}{\overline{\left(\boldsymbol{\alpha}'_{yy}\right)^2}} = \frac{3\gamma^2}{45a^2 + 4\gamma^2} \tag{6-10}$$

$$\rho_{\mathrm{s}}\left(\frac{\pi}{2}\right) = \frac{\overline{\left(\boldsymbol{\alpha}'_{yz}\right)^2}}{\overline{\left(\boldsymbol{\alpha}'_{yy}\right)^2}} = \frac{3\gamma^2}{45a^2 + 4\gamma^2} \tag{6-11}$$

在式 6-9 中，$\overline{\left(\boldsymbol{\alpha}'_{zx}\right)^2}$、$\overline{\left(\boldsymbol{\alpha}'_{xy}\right)^2}$ 分别表示分子极化率张量中 zx 和 xy 分量平方的空间平均值，$\overline{\left(\boldsymbol{\alpha}'_{yy}\right)^2}$ 是 yy 分量平方的空间平均值。在式 6-10 中，$\overline{\left(\boldsymbol{\alpha}'_{zy}\right)^2}$ 表示极化率张量中 zy 分量平方的空间平均值。在式 6-10 中，$\overline{\left(\boldsymbol{\alpha}'_{yz}\right)^2}$ 和 $\overline{\left(\boldsymbol{\alpha}'_{yy}\right)^2}$ 分别表示在对应分量上平方的空间平均值。

式 6-9 至式 6-11 给出了微商极化率的具体表达式，其形式取决于分子及其振动的对称性质。这意味着人们可以通过测量退偏度来直接推断散射光的偏振状态和振动的对称性。因此，测量退偏度成了确定振动对称性质的一种有效方法。通过对退偏度的观察和分析，人们能够获取关于分子结构和振动特性的重要信息，从而实现对样品的鉴定和分析。

6.2 光栅色散型拉曼光谱仪

拉曼光谱的测量通常通过光栅色散型拉曼光谱仪完成。这类光谱仪能够有效地分析样品的拉曼散射光谱，广泛应用于科学研究和工业实践中。其原理是利用光栅的色散效应，将散射光分解为不同波长的成分，进而获取样品的拉曼光谱信息。

6.2.1 拉曼光谱仪的基本结构及其技术发展历程

光栅光谱仪构成复杂，由多个关键部件组成，其中包括激发光源、样品光路、分光光路、光探测器、光谱读取和运转控制等 6 部分，如图 6-3 所示。然而，在研制拉曼光谱仪时，需要着重解决两个关键问题。首先，要解决的是信噪比问题。由于拉曼散射的信号强度通常非常微弱，与背景噪声相比较，容易导致信噪比低，因此需要采用有效的信号增强技术来提高信噪比。其次，需要解决的是光谱分辨率问题。拉曼光谱中的峰通常非常尖锐，要准确测量其位置和强度，就需要具有足够高的光谱分辨率。因此，研制拉曼光谱仪需要着重解决这两个关键问题，真正实现其广泛应用。

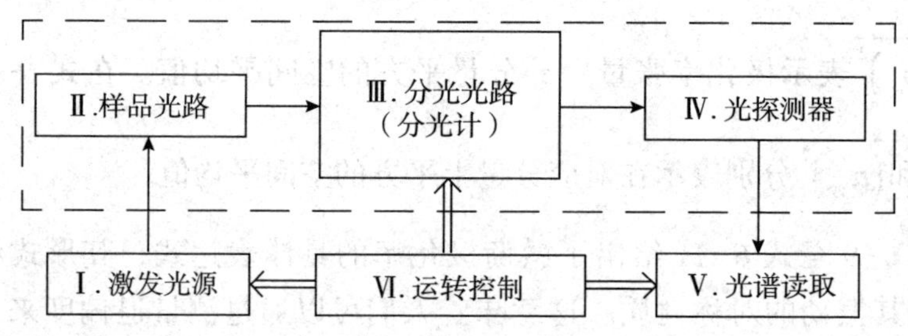

图 6-3 光栅拉曼光谱仪的结构框图

（1）极强散射光的产生和极弱光信号的探测

拉曼光谱是一种强大的分析工具，可测量样品散射的光谱特征，提供关于样品结构和成分的宝贵信息。然而，要充分利用拉曼光谱技术，就需要解决信号强度的问题。拉曼散射的强度与入射光的电场强度的平方成正比，因此要获得极强的拉曼信号，关键在于增大样品上的电场强度，即激发光的功率密度。

激发光的功率密度的大小取决于两个主要因素：激发光的亮度和在样品上的功率密度。提高激发光的亮度这个问题，在激光器发明后就得到了很好的解决；而要增加样品上的功率密度，则需要通过一系列手段来实现。其中，显微镜在样品光路中的应用尤为重要。显微镜不仅能够提供高效的样品照明，还能够将激发光聚焦到样品的微小区域，从而增加在样品上的激发光功率密度。因此，将显微镜作为样品光路的核心部件，使得显微拉曼光谱仪在样品光路的高效率和使用方便方面表现出明显优势。

即使采用了高亮度的激发光并实现了功率密度的提高，分光光路中仍然存在信号弱的问题。极弱的拉曼信号在经过分光光路后变得更为微弱，因此需要高效的信号探测技术。在 20 世纪 50 年代前，光谱仪的光信号探测主要依赖于照相干板，其探测效率较低。然而，随着光电倍增管等的引入，微弱信号探测的技术难题逐渐得以解决。光电倍增管的高灵敏度和快速响应性使得微弱的拉曼信号能够被有效地探测和放大，从而实现了高效的拉曼光谱分析。

（2）杂散信号的抑制

随着光信号探测技术的发展，光谱仪的性能已经达到了能检测单光子的水平，使得在拉曼光谱测量领域，信噪比成为衡量仪器性能的关键指标。在提高拉曼光谱仪灵敏度的同时，瑞利散射和其他杂散光的增强成了不可忽视的问题，它们严重影响了光谱的信噪比，影响了拉曼光谱技术的应用。因此，有效抑制杂散光，尤其是瑞利散射光，成了提升拉曼光谱仪性能的关键。

20 世纪 90 年代初，全息陷波片作为一种滤波器，被应用到拉曼光谱仪中，使拉曼光谱技术在抑制瑞利散射光方面取得了重大突破。全息陷波片能够在不影响拉曼信号的情况下，有效滤除强烈的瑞利散射光，大大提高了拉曼信号与背景噪声的比例。相比之前采用的光栅前置单色器技术，在拉曼光谱仪中运用全息陷波片使拉曼信号的强度提高了 100 倍以上，极大地提升了拉曼光谱的测量精度和灵敏度。全息陷波片技术也存在局限性，即其陷波带宽大约为 100 cm^{-1}，这一特性导致拉曼光谱仪在低波数区域的测量能力受到限制。低波数拉曼光谱对于研究分子振动模式、晶体结构以及材料的微观性质等方面具有重要意义，因此开发能够对低波段拉曼信号进行精确测量，同时能有效抑制杂散光的新型光谱技术，是当前研究的热点。为有效抑制杂散光和精确测量低波段拉曼信号，科研人员采用了多种方法，包括开发更先进的光谱技术和材料，采用新型的滤波材料，改进光路设计，使用高性能的探测器和算法等。

如今，拉曼光谱仪已使拉曼光谱测量变得非常容易和快捷。例如，20 世纪 30 年代，测量 CCl_4 拉曼光谱所需时间常常以小时甚至几十小时计，现在类似的测量不用 1 s 就可轻松完成。随着技术的进步和制造成本的降低，拉曼光谱仪已从曾经的专业研究工具转变为现今广泛应用的常规光谱测试设备。这种转变不仅体现在测量能力的飞跃式提升上，还反映在设备体积的缩小和成本的显著降低上。当前市场上的新型拉曼光谱仪已经能够满足大多数常规应用的需求，使许多曾被认为难以实现的拉曼光谱测量变得易如反掌。这使拉曼光谱技术在材料科学、生物医学、化学分析等众多领域得到了广泛的应用和推广。尽管商品化的拉曼光谱仪在普及性、便携性和成本效益上有着显著优势，但在面对特殊应用场景时，往往无法完全满足科研人员对测量精确性的要求。例如，在需要高分辨率、高灵敏度或在特定波长范围内测量时，标准的商品化的仪器可能难以达到要求。这一局限性促使科研工作者根据实验需求，自主研制拉曼光谱仪或对现有设备进行改进。

实践经验表明，针对特定研究目标定制的拉曼光谱仪或经过精心改造的商品化的光谱仪，往往能够显著提升实验数据的质量。自主研发或改进的拉曼光谱仪能够精确控制测量条件，如激发光源的波长、光路设计、探测器的选择等，以适应复杂或特殊的实验要求。这种灵活性和定制化的优势，对于推动科学研究的深入发展具有决定性意义。尽管现代商品化的拉曼光谱仪在技术上已经取得了显著进展，并且在应用上展现出广泛的适用性，但为满足高端科研领域的特殊需求，仍需自主研发或改造拉曼光谱仪。这不仅能够推动拉曼光谱技术的进一步创新，还能够为科学探索提供更加精准和高效的分析手段。

6.2.2　激发光源——激光器

早期拉曼光谱仪的激发光源基本上采用汞灯，现在激光几乎已成为拉曼光谱仪的唯一激发光源。

在光学和激光物理学中，激光的产生是一个复杂而精细的过程，涉及辐射的 3 个基本形态：自发辐射、受激吸收和受激辐射。为了实现激光输出，必须使受激辐射的过程超越自发辐射和受激吸收。然而，在自然热平衡状态下，受激辐射发生的概率要远小于自发辐射和受激吸收。因此，激光形成的首要条件是实现能级上的粒子数反转，即上能级的粒子数要多于下能级的粒子数，这在常规情况下是不可能自然发生的。为了实现能级上的粒子数反转，需要满足 3 个关键条件。首先，激光介质中必须存在亚稳态，这是实现粒子数反转的基础。亚稳态是一种特殊的能级状态，粒子在该状态下的寿命相对较长，从而有足够的时间通过外部抽运过程被激发到更高的能级。三能级和四能级系统是两种常见的具有亚稳态的能级结构，它们分别通过不同的激励和抽运方式实现粒子数的反转（图 6–4）。其次，为了持续维持粒子数反转的状态并有效产生激光，必须对受激辐射过程进行精确控制。这需要外加泵浦源，不断提供能量，保持粒子数在上能级的稳定反转。同时，为了确保激光的单一性和方向性，需要对受激辐射进行空间上的限制，通常通过激光腔来实现，只允许特定状态的光子得到受激放大。最后，形成激光还要求受激辐射的放大过程能在足够长的时间内持续，以便积累足够多的同相光子，形成强有力的光束输出。这通常通过优化激光腔的设计、选择合适的激光介质和调整泵浦机制来实现。

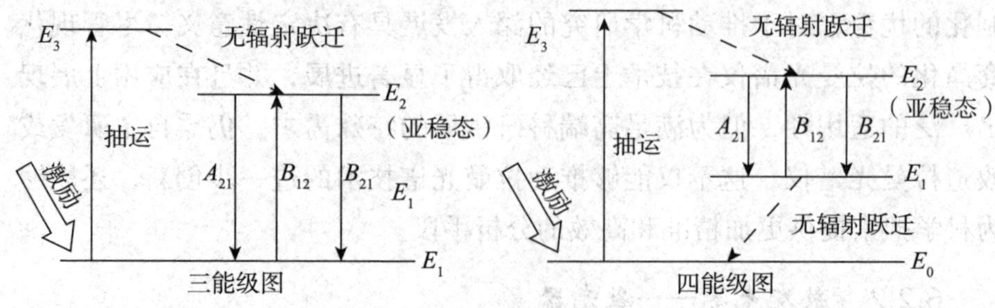

图 6-4　三能级和四能级结构及其反转模式图

光学谐振腔正好可以满足后两个要求。因此，激光器的基本结构将主要包括如图 6-5 所示的 3 个部分：工作介质、光学谐振腔和激励能源。

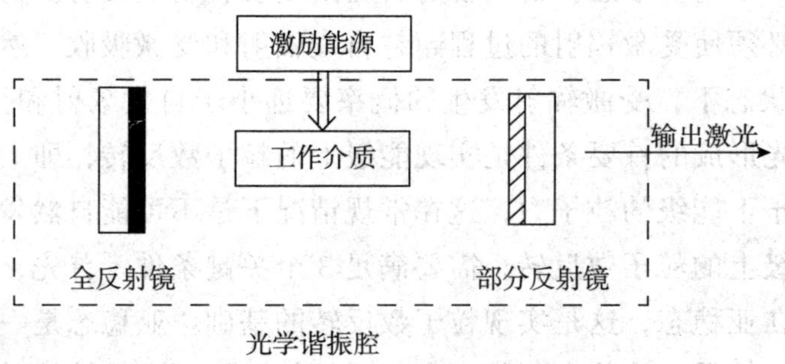

图 6-5　激光器的基本结构

6.3　拉曼光谱测量技术

获得高质量的拉曼光谱不仅仅是选择一个先进的光谱仪那么简单，更多的是测量技术的运用和对光谱仪性能的深入了解。良好的测量技术涵盖了将光谱仪维持在最佳状态，以及选择适合完成特定测量任务的参数。这要求用户不仅要有关于拉曼光谱机制和仪器工作原理的理论知识，还要具备丰富的实践经验。了解拉曼光谱仪的工作原理和结构，包括对光源的选择、光路设计、探测器特性以及数据处理等各个环节的了解，对实现精确测量至关重要。例如，激光波长的选择直接影响拉曼散射的效率，而光谱仪的分辨率和探测器的灵敏度则决定了光谱的质量和信噪比。通过对这些参数的深入了解，可以更加有效地对光谱仪进行必要的调整或改进，以适应特定的测量需求。

此外，实践经验在实现高质量拉曼光谱测量中也发挥着不可替代的作用。实验中，人们会遇到各种预期之外的情况，如样品的特殊性质、环境干扰等，只有具备丰富的实践经验，才能灵活应对这些情况，调整测量策略，确保数据的准确性和可靠性。正确选择和调整光谱仪的运行参数是记录高质量光谱的重要前提。运行参数包括但不限于激光功率、积分时间、光谱范围和分辨率等。每一项参数的设置都应基于对仪器性能参数含义的准确理解以及对测量要求的深刻理解。例如，较高的激光功率可能增强信号，但也可能导致样品损伤或热效应，影响测量结果。因此，实验人员需要根据具体情况，综合考量各种因素，合理选择参数。

6.3.1　分光计的色散率——线色散率

分光计的色散率是分光计最重要的技术参数之一。光栅色散率是角色散D_θ，表示两束光线分开的角度，即光栅的角色散率只决定了波长为λ和$\lambda+\Delta\lambda$的两个谱线在空间分离的角度，但是光栅的角色散率大，并不能保证分光计可以分辨两条波长相差不大（位于λ和$\lambda+\mathrm{d}\lambda$，而$\mathrm{d}\lambda$又很小）的光谱线。

由光谱仪记录到的光谱线的线形随光谱仪的性能和设置的运转参数不同而异，因此位于λ和$\lambda+\mathrm{d}\lambda$的两条光谱线，即使用同一光谱仪，用不同扫描参数记录下的光谱线形也可能不同。为表述分光计分辨两条谱线的能力，定义了色分辨率（式 6-12）：

$$R\equiv\frac{\lambda}{\mathrm{d}\lambda}=\frac{\nu}{\mathrm{d}\nu}=\frac{\omega}{\mathrm{d}\omega}\qquad(6\text{-}12)$$

式中：ν为频率，ω为角频率。色分辨率表示在波长λ附近光谱仪恰能分辨波长间距为$\mathrm{d}\lambda$的两条谱线的能力。

6.3.2 分光计元件与分辨本领

若分光计的狭缝无穷窄（理想情况），由于光栅衍射，必定存在衍射线宽a_0和半角宽φ，它们分别为式 6−13、式 6−14：

$$a_0 = f_2\lambda / D \tag{6-13}$$

$$\varphi = \lambda / D \tag{6-14}$$

式中：f_2为聚焦镜焦长，D为准直光束的直径。于是，狭缝无穷窄时的分光计的色分辨率为式 6−15：

$$R_0 = \frac{\lambda}{\mathrm{d}\lambda} = \frac{\lambda D_\theta}{\mathrm{d}\theta} = \frac{\lambda D_\theta}{\varphi} = DD_\theta \tag{6-15}$$

在式 6−15 中，R_0表示分光计的色分辨率，λ表示光的波长，$\mathrm{d}\lambda$表示最小可分辨的波长差，D_θ表示光栅的角色散率，$\mathrm{d}\theta$表示由波长差$\mathrm{d}\lambda$所引起的角度差，φ表示与角色散率相关的角度测量，D表示光栅尺寸。若以无穷窄狭缝衍射线宽$a_0 = f_2\lambda / D$为单位度量狭缝宽度，则入射狭缝宽度可以表达为式 6−16：

$$a_i = \mu a_0 \tag{6-16}$$

式中：μ为简约线宽。μ可按式 6−17 计算：

$$\mu = \frac{a_i}{a_0} = \frac{a_i D}{f_2\lambda} \tag{6-17}$$

分光计的分辨率受到多种因素的影响，这些因素大体上可以分为不可调整的因素和可调整的因素两大类。不可调整因素主要包括光栅的物理属性，如刻线总数和光栅面积。这些参数一旦确定，便固定不变，直接影响到分光计的理论最高分辨率。光栅作为分光计中的核心元件，其刻线密度决定了光谱的分散能力，而光栅面积影响光谱的照明程度。在实验参数设置中，这些参数由于设备的物理限制而无法进行调整，因此它们成了固有的限制条件。可调整的因素则提供了优化分光计性能的空间。狭缝的宽度和高度是这类因素中最为关键的两个参数。缩小狭缝宽度可以显著提高分辨率，因为它减少了不同波长光线的重叠，但同时也减少了进入仪器的光量，影响了信号的强度。因此，在实际操作中需要找到一个最佳狭缝宽度，以在保证足够信噪比的同时获得尽可能高的分辨率。与狭缝宽度不同，狭缝高度的增加则可能导致分辨率降低，主要原因是狭缝高度增加会使谱线在出口平面上产生弯曲，这会导致光谱谱线展宽，降低分辨率。因此，控制狭缝的高度，尽量减小谱线的弯曲，是提高分辨率的又一重要手段。

6.3.3　光谱仪透光率的色散及其影响的消除

在现代光谱学的研究和应用中，拉曼光谱仪的波长工作范围已成功从近紫外扩展至近红外的广阔区域。这一技术进步极大地丰富了光谱分析的应用领域，使得研究者能够探究更为复杂和多样的样品。然而，随之而来的挑战是光谱仪内部元件，包括光栅等，对不同波长光的响应并非恒定不变。这种非均一的响应特性，尤其是当涉及广泛波长范围的测量时，对实验数据的准确性和可靠性提出了新的要求。

普通光学玻璃制成的透镜和窗口在近红外区和紫外区的透光性能差异显著，这直接影响到光谱信号的强度和质量。同样，光学元件对于自然光与偏振光的响应差异，也会在光谱数据中引入额外的变量，增加数据解析的复杂度。此外，光谱仪的响应特性随波长和偏振状态的变化而变化，导致所测得的光谱存在色散现象，这不仅影响到光谱的强度分布，还可能引起光谱峰位的移动，从而影响到频率的精确测量。为了克服这些挑战，进行光谱仪响应函数的校正成了确保光谱测量准确性的必要步骤。通过校正，可以有效消除仪器对光谱测量结果的系统误差，从而获得真实反映样品性质的光谱数据。实现这一目标的方法主要有两种：一种是使用发光强度和色散性质已知的标准光源，如标准光谱灯，通过对其发出的光谱进行测量，来推算光谱仪的响应函数；另一种是利用高稳定电源供电的白炽灯作为光源，结合理论公式和相关参数来测量光谱和计算光谱仪的响应函数。无论采用哪种方法，校正光谱仪响应函数的过

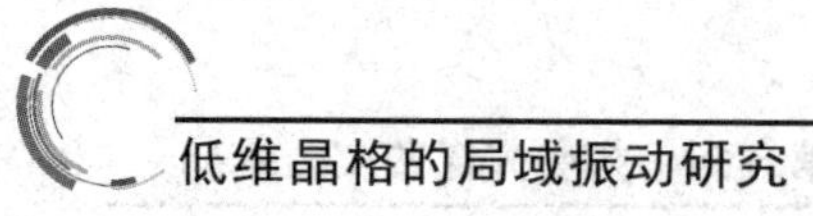

程都要求对光谱仪的工作原理和性能有深入的理解，以及对光源特性和理论模型有准确的把握。通过这种系统性的校正，可以显著提高光谱测量的准确度和重复性，为光谱学的研究和应用提供坚实的数据支撑。随着光谱技术的不断发展和光谱分析方法的日益成熟，对光谱仪响应函数的校正将在提高光谱数据质量、推动光谱学发展中发挥越来越重要的作用。

6.3.4 光谱仪的日常维护

为确保光谱仪的正常、稳定以及长期运行在良好的技术状态中，维护工作扮演着至关重要的角色。日常的维护不仅能够延长仪器的使用寿命，还能保证实验数据的准确性和可靠性。以下是一些基本的维护内容和方法，它们对于保持光谱仪良好性能至关重要。

创造和维护一个适宜的外部环境对于光谱仪的保养是基础。实验室要防尘、恒温及干燥，以防止环境因素对光谱仪造成损害。例如，灰尘可能侵入光谱仪内部，影响光路系统的清洁度，进而干扰光谱信号的质量。因此，光谱仪应尽可能保持在密闭状态，并定期清理，以防灰尘和污染物的积累。在清洁时，应使用干净的无绒毛湿布或纸巾轻轻擦拭，避免使用可能产生划痕的工具或方法。此外，对于配备光电倍增管的光谱仪，冷却器和高压电源的稳定运行对于保持光电管性能稳定至关重要，应尽量避免关闭这些设备，以减少由于温度和电压变化引起的损害。分光计内部的维护同样重要。光栅和反光镜作为光谱仪中的核心部件，它们的清洁度和完整性直接关系到光谱仪的分辨率和整体性能。这些部件非常脆弱，一旦受到污染或产生损伤，几乎无法修复。因此，要防止烟雾、灰尘甚至指纹等污染这些部件表面。在操作过程中，一定要小心翼翼，避免直接触碰光栅表面。当需要移动光栅时，应立即将其上的保护盖盖好，并确保保护盖不会触及光栅表面。此外，对于光栅座上的丝杠、滑杆等机械传动部分，定期添加适量的轻机油能够保证其灵活性和减少磨损。但要注意，添加过量的机油需要及时清理，避免油脂污染光学部件或其他敏感部位。通过这些日常的维护工作，可以显著提升光谱仪的性能和延长其使用寿命。这不仅需要对仪器的结构和工作原理有深刻的理解，还需要培养细致入微的操作习惯和高度的责任感。维护工作虽然看似琐碎，但在科学研究和实验探索中，它是保证实验精度、推进科学发现的基础工作。随着科技的发展，光谱仪的性能将不断提升，应用领域将不断拓展，而其背后的维护工作也将变得更加重要。

6.4 干涉型光谱仪

傅立叶变换光谱仪的独特工作原理和其在光谱学中的应用，标志着光谱测量技术的一大进步。与传统的色散型光谱仪相比，傅里叶变换光谱仪通过干涉原理而非衍射原理来工作，这一根本的不同使其在分辨率、通光本领、信噪比以及测量速度等方面都具有显著的优势。

在光谱仪的发展历程中，迈克尔逊干涉仪的引入为傅里叶变换光谱仪的实现奠定了基础。与色散型光谱仪依赖光栅来分离不同波长的光线不同，傅里叶变换光谱仪利用迈克耳孙干涉仪产生的干涉图样来获取光源的时域信息，然后通过傅立叶变换处理得到频域光谱。这种方法不但提高了分辨率，而且由于干涉仪对光的利用效率远超色散型光谱仪，使得傅立叶变换光谱仪能在更短的时间内完成全波段的测量。

色散型光谱仪受衍射效应的限制，其分辨率的提高往往以牺牲通光本领为代价。相较而言，傅立叶变换光谱仪的分辨本领理论上只受光程差的限制，通过增大光程差，可以无限制地提高分辨率而不牺牲通光本领。这使得在实际应用中，傅里叶变换光谱仪能够在保持高分辨率的同时，获取光源的高信噪比光谱数据。特别是在处理噪声信号时，傅里叶变换光谱仪具有天然的优势，噪声信号通常不受傅里叶变换直流信号的影响，可以通过后处理轻易消除或抑制，极大提升了信噪比。

法布里—珀罗干涉仪作为另一种基于干涉原理的光谱仪，在特定应用领域中，如布里渊散射谱测量，展现出其高分辨率的独特优势。尽管法布里—珀罗光谱仪的自由光谱范围较小，但在需要极高分辨率的测量中仍然不可替代。此外，将法布里 - 珀罗干涉仪与光栅光谱仪联合使用，可以发挥两者的优点，达到既有高分辨率又有较宽光谱范围的效果，这种组合方式在探测低频声子拉曼散射谱线等方面已显示出其强大的应用潜力。

傅里叶变换光谱仪采用近红外光源的策略，有效避免了荧光干扰，为拉曼光谱的测量提供了清洁的背景。然而，这种选择同时也面临拉曼散射强度随入射光波长增长而减弱的挑战。尽管如此，傅里叶变换光谱仪在光谱测量领域的应用仍然广泛，从科学研究到工业检测，它的高性能和灵活性使其成了不可或缺的工具。

6.5　实验拉曼光谱的数据处理

在拉曼光谱测量中，尽管通过精心的样品制备、光谱仪的精细调整以及合理的运转参数选择，科研人员努力获得尽可能准确的光谱数据，但实际测得的原始光谱通常会除了包含真实光谱，还包含噪声谱。这种情况下，光谱数据的处理便显得尤为关键，它涉及从杂乱的原始数据中提取有价值的真实光谱信息，同时尽可能地减少或消除噪声谱的影响。与传统的物理量测量和数据处理相比，拉曼光谱数据的处理更为复杂。这主要是因为拉曼光谱往往由多个子光谱叠加而成，每个子光谱都可能是不同变量的函数，这使得光谱数据的分析和处理不再是简单的一元函数值的问题。此外，光谱数据的处理还需考虑到多种因素的影响，如仪器的响应函数、样品的荧光背景、外界环境的干扰等，这些都增加了数据处理的复杂度。为了有效地处理拉曼光谱，通常需要采取一系列的数据处理技术，包括背景扣除、噪声滤波、光谱归一化、峰值检测和拟合等。背景扣除旨在移除由样品荧光或其他光源引入的非特征背景信号；噪声滤波则是通过各种数学方法，如平滑算法、小波变换等，来减少或消除数据中的随机噪声；光谱归一化通过调整光谱的强度范围，使不同实验条件下测得的光谱可进行比较；峰值检测和拟合则用于识别和量化光谱中的特征峰，为后续的物质识别和结构分析提供依据。

6.5.1　原始光谱的成分及其光谱特征

在拉曼光谱分析中，正确识别和理解测量得到的原始光谱中的各个组成部分是至关重要的。这些组成部分包括来自样品的特征谱、环境干扰导致的谱线，以及光谱仪自身产生的背景信号。每种子谱的性质和特征对于光谱数据的处理和最终分析结果都有着显著影响。来自样品的谱线是实验最希望获得的信息，它直接反映了样品的分子结构和化学组成。通过这部分光谱，可以对样品进行定性和定量分析，识别材料成分，甚至探究分子间的相互作用等。而来自环境的干扰谱则主要来源于样品周围的光学元件、空气中的颗粒物以及实验室内的灯光等，这些干扰信号会掩盖或改变样品真实的光谱特征，对数据分析造成干扰。光谱仪自身产生的背景谱通常是由仪器的光学元件、探测器等部分引入的非特异性信号，包括仪器的固有噪声、散射光等。这部分背景信号不仅会降低光谱的信噪比，还可能因为仪器状态的变化而随时间发生波动，影响光谱的重复性和可靠性。

（1）来自样品的光谱

在光谱测量领域，区分“样品”与“样本”的概念是至关重要的。所谓“样品”，泛指为光谱测量而专门制备的对象，不仅包括研究的核心对象，还包括支持或环绕研究对象存在的各种物质，如用于生长研究对象的底材，保存样品所用的溶液、容器，以及在生长过程中引入或产生的其他物质。相较之下，“样本”则是一个更加狭义和精确的术语，仅指待研究对象本身，没有额外的、与研究直接无关的物质。在进行光谱测量时，准确识别和处理样品中的样本部分，对于确保数据的准确性和可靠性至关重要，因为样品中的非样本成分可能会对光谱结果产生干扰，影响最终的分析和解读。因此，在光谱分析中，区别这两个概念，精确处理样品以凸显样本的特征，是获取有效光谱数据的前提。

（2）来自环境的干扰光谱

在光谱测量中，环境干扰光谱的影响是不可忽视的。这些干扰来源广泛，包括特殊实验条件引入的干扰、非激发光源的光谱、实验环境条件变化以及宇宙射线等，每一种都可能对测量结果造成不同程度的影响。特殊实验条件，如高温、外电磁场和高压等，往往是光谱实验中不可或缺的部分，但它们同时也会引入额外的干扰光谱。以高温实验为例，高温不但会导致样品本身产生变化，而且样品及加热装置的黑体辐射也会进入测量的频率范围，形成一种具有黑体辐射特征的干扰光谱，这对于希望获取清晰拉曼光谱的实验来说，无疑增加了数据处理的难度。来自非激发光源的干扰也是常见的问题。实验室内的自然光和照明光，如果未被彻底屏蔽，就会在测得的光谱中留下痕迹。这些痕迹根据光源的类型不同而有所区别，日光灯可能在特定的波长处产生干扰，而白炽灯则可能使可见光区域的本底信号增强。此外，激光器自身的非受激发射光也是一个重要的干扰源，尤其是气体激光器中的等离子线谱，这些谱线具有固定波长，容易与样品的真实光谱混淆。环境条件的变化对于光谱测量同样构成了挑战。长时间的光谱测量几乎不可避免地会遇到环境温度、光强以及电磁场等因素的变化，这些变化直接影响测量的稳定性和重复性。例如，环境温度的波动可能导致拉曼光谱的频移，而光强的变化则影响拉曼光谱的本底强度，电磁场的变化和光谱仪的微小振动也会增加光谱的噪声，从而影响到数据的准确性。宇宙射线产生的干扰光谱虽然出现频率不高，但其影响却是剧烈的。宇宙射线击中探测器产生的信号特征是峰形尖锐且强度大，这种随机出现的信号对于需要高精度测量的实验来说，是一个不容忽视的干扰源。

（3）来自光谱仪器自身的噪声谱

在光谱测量过程中，来自光谱仪器自身的噪声谱是不可忽视的因素，它对实验结果的准确性和可靠性有着直接影响。光谱仪器噪声谱的来源主要可以归纳为仪器固有噪声和因仪器调节不当引起的噪声谱两大类。仪器固有噪声主要来源于电子仪器线路以及光电探测器，如光电二极管、光电倍增管和电荷耦合探测器。这些噪声大都为随机噪声，包括电路的热噪声、散粒噪声等，这些随机噪声在整个测量过程中不断地影响着信号的质量。尽管难以完全消除，但通过优化仪器设计、使用低噪声电子元件以及采用合适的信号处理技术，可以有效地减少这类噪声对测量结果的干扰。仪器调节不当产生的噪声谱也是影响测量准确度的重要因素。波长校准和标定的不准确会在所测光谱中引入额外的谱线和频率移动，这不仅会导致光谱信息的失真，还会增加数据解析的难度。与随机噪声不同，这种噪声谱具有系统误差的性质，对所有光谱的影响是一致的。因此，确保仪器的正确调节和精准标定是避免此类噪声谱影响测量结果的关键。实践中，定期的仪器校准和维护，以及对测量过程的精确控制，是保证测量结果准确可靠的重要措施。

6.5.2　噪声谱的消除和减少

在光谱分析过程中，噪声谱的存在经常会给数据解读带来困难，尤其是当仪器固有的噪声信号较强而样品信号较弱时，原始光谱中的信号起伏可能会非常明显，这会干扰光谱参数（如峰值、峰形和峰宽）的准确读取。因此，光谱数据处理的首要任务往往是解决这些起伏问题。为此，光谱平滑方法被广泛应用于减小和消除随机性质的噪声。光谱平滑处理是一种有效的数学变换手段，通过适当的算法对原始数据进行处理，以降低随机噪声对信号的影响，从而使光谱曲线变得更加平滑。这种处理方式虽然可以在视觉上提高光谱的质量，但其本质上并不改变光谱数据的物理含义。因此，在进行平滑或拟合操作时，必须确保处理后的光谱在物理上仍然保持合理性，避免因过度处理而丢失重要的样品信息或错误地解读数据。

光谱平滑处理并不能完全解决所有类型的噪声问题，特别是对于非随机起伏的噪声谱，如实验条件变化、环境干扰等系统误差导致的信号波动，仅仅依靠平滑处理往往难以有效消除。针对这类非随机噪声，扣除法成了一种更为有效的解决策略。扣除法是直接从原始光谱中扣除已知的干扰信号，这要求对干扰信号有足够的了解和准确的量化。直接扣除法依赖于对干扰光谱的精确测量，通过从原始光谱中直接减去这部分已知的干扰信号，从而得到更接近真实样品信号的光谱。解谱扣除法通过对干扰光谱的成分进行解析，对每一种干扰成分进行独立的扣除处理；加权扣除法则考虑到不同干扰信号在原始光谱中的贡献程度可能不同，通过对每种干扰信号赋予不同的权重进行扣除，以期达到更优的处理效果。

第 7 章　固体拉曼散射的理论基础

在物理学的研究领域中，固体拉曼散射现象是探究物质结构与性质的重要手段。固体，无论是晶体还是非晶体，其本质上是由大量原子或分子在三维空间中的特定排列构成的。晶体由于其原子在空间中长程有序的周期性排列，形成了规则的晶格结构，而非晶体则缺乏这种长程有序性。光与固体的相互作用主要通过固体中的元激发来实现，而在固体拉曼散射的研究中，晶格振动扮演了核心角色。晶格振动不仅是固体拉曼散射的主要机制，还是连接固体的热学、光学、电学、超导性、磁性及结构相变等一系列物理性质的桥梁。因此，深入理解晶格动力学及晶格振动的拉曼散射理论，对于揭示固体物质的本质具有重要意义。晶格振动的拉曼散射理论认为，入射光子与固体中的晶格振动相互作用，导致光子能量的变化，从而产生拉曼散射。这一过程不仅依赖于固体内部的晶格结构，还受到固体中元激发状态的影响。拉曼散射光谱能够提供关于晶格振动模式的详细信息，包括振动频率、振动模式的对称性等，这些信息对于理解固体的物理性质至关重要。拉曼散射实验中观测到的拉曼光谱反映了晶格振动模式的特征，通过分析这些特征，可以获得固体材料的微观结构信息。例如，通过拉曼散射实验，可以识别材料中不同类型的化学键、探测材料的晶体相变，研究材料在不同环境下的性质变化等。拉曼散射实验的灵敏度和分辨率与实验条件密切相关，如激光的波长、功率，样品的温度等，都会对拉曼散射光谱产生影响。因此，精确控制实验条件以及采用高性能的光谱仪器，对于获取高质量的拉曼散射数据至关重要。

7.1 晶格动力学的基础知识

晶格动力学是研究晶体原子在平衡点附近的振动及这些振动对晶体物理性质的影响的学科。在理论上，探究固体物理性质可以通过求解薛定谔或牛顿方程来实现。然而，固体内部含有巨量的原子，使得严格求解运动方程变得极其复杂，实际上是不可行的。即便是在当今计算技术高度发达的情况下，也仅对数量级较小的 $10^2 \sim 10^3$ 粒子体系可能进行严格求解。鉴于此，科学研究中通常采取的策略是在不损害固体物理性质的基础上，进行各种合理的近似处理。通过简化方程，使其变成可解的形式，从而揭示物质的基本物理行为。这种方法虽然无法提供精确的解，但能够给出对物理现象本质理解的足够近似，为物质的研究提供了强有力的理论支持。近似方法的应用，如采用经典力学的哈密顿量描述系统，或者对电子运动和原子核运动进行分离处理，都是在复杂体系中寻找简化求解路径。这些方法使得对固体物理性质的研究成为可能，尤其是在理解和预测新材料的性质方面发挥了重要作用。

7.1.1 运动方程的简化与晶格动力学

晶体的总哈密顿$\mathcal{H}$为式 7-1：

$$\mathcal{H} = -\sum_i \frac{\boldsymbol{P}_i^2}{2M_i} + \sum_j \frac{\boldsymbol{P}_j^2}{2m_j} + \mathcal{H}_{\text{int}}(\boldsymbol{R}, \boldsymbol{r}) \tag{7-1}$$

式中的$\sum_i \frac{\boldsymbol{P}_i^2}{2M_i}$和$\sum_j \frac{\boldsymbol{P}_j^2}{2m_j}$代表体系内所有原子核和电子的动能，$M_i$、$m_j$分别为原子核和电子的质量，$\boldsymbol{P}_i$、$\boldsymbol{P}_j$分别为原子核和电子的动量，$\mathcal{H}_{\text{int}}(\boldsymbol{R}, \boldsymbol{r})$是体系内包括原子核之间、电子之间以及原子核和电子之间的相互作用总能，$\boldsymbol{R}$和$\boldsymbol{r}$分别代表原子核和电子的空间坐标。

7.1.2 经典力学理论一格波

晶格的简谐振动是经典力学理论中典型的小振动问题。假定体系内包含N个原子，第n个格点的平衡位置为$\boldsymbol{R}_n$，在n格点的原子偏离$\boldsymbol{R}_n$的位移用$\boldsymbol{u}_n$描述，则原子在时刻t的位置可记为式 7-2：

$$\boldsymbol{R}_n(t)=\boldsymbol{R}_n+\boldsymbol{u}_n(t) \tag{7-2}$$

如果位移矢量用分量表示，则N个原子有$3N$个平衡位置矢量的分量R_i（$i=1,2,\cdots,3N$）和$3N$个位移矢量的分量u_i（$i=1,2,\cdots,3N$）。

在固体物理中，简正坐标的振动解揭示了一种深刻的现象：每一种振动模式并非仅关乎单个原子的振动，而是固体内所有原子以协调一致的方式共同参与的集体振动。这种由体系内所有原子共同参与形成的振动被称为振动模。由于这种振动模涵盖了整个体系的原子，它们展现出波动的特性，晶格振动模也被称为格波。

7.1.3　一维双原子线性链的晶格振动

由于涉及巨量原子，无法直接对三维固体晶格进行严格的经典或量子力学计算。为了掌握晶格动力学的基本理论和概念，采用简化模型进行分析成了一种可行的方法。其中，使用一维双原子线性链模型来模拟晶体结构是一种常见的做法。这种模型虽然简化，但能有效模拟真实晶体中原子的振动行为和晶格波的传播特性。通过对一维双原子线性链进行经典动力学的“严格”计算，可以揭示晶格振动的本质，包括振动模式、频率分布等关键信息。

（1）牛顿方程及其求解——声学波和光学波

一维双原子链模型的结构实际上可以看作一维双原子晶体。晶体的 1 个原胞含有质量为M_1和M_2的 2 个原子，即原子Ⅰ和原子Ⅱ，a是晶格常数，原子间距为$\frac{a}{2}$。可将$2n-1$、$2n$和$2n+1$等作为标记原子的编号，只讨论原子在沿链方向（纵向）的运动。

一维双原子线性链模型的示意图如图 7-1 所示。

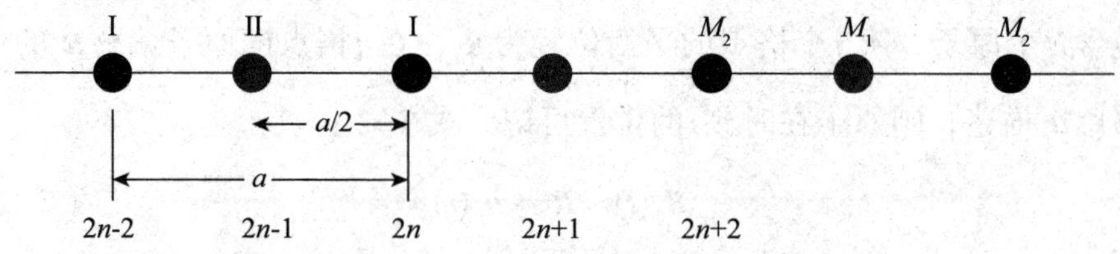

图 7-1　一维双原子线性链模型的示意图

假定原子间只存在近邻的弹性相互作用，作用力可以表示为式 7-3：

$$F = -\mathrm{f}\delta \tag{7-3}$$

式中：f为力常数；δ为原子的相对位移。对于在位置$2n$的原子Ⅰ和在位置$2n+1$的原子Ⅱ的相对位移δ_{2n}和δ_{2n+1}分别为式 7-4、式 7-5：

$$\delta_{2n} = 2u_{2n} - u_{2n+1} - u_{2n-1} \tag{7-4}$$

$$\delta_{2n+1} = 2u_{2n+1} - u_{2n+2} - u_{2n} \tag{7-5}$$

根据牛顿方程，可以分别写出原子Ⅰ和原子Ⅱ的运动方程，分别为式 7-6、式 7-7：

$$M_1\ddot{u}_{2n+1} = -\mathrm{f}\left(2u_{2n+1} - u_{2n} - u_{2n+2}\right) \tag{7-6}$$

$$M_2\bar{u}_{2n} = -\mathrm{f}\left(2u_{2n} - u_{2n+1} - u_{2n-1}\right) \tag{7-7}$$

在式 7-6 中，M_1表示质量是M_1的原子，$\ddot{u}_{2n+1}$表示时间对位移u_{2n+1}的二阶导数。在式 7-7 中，M_2表示质量是M_2的原子，$\bar{u}_{2n}$表示时间对位移u_{2n}的平均值。在这两个运动方程中，当原子链包含N个原胞，即全链有N个原子Ⅰ和N个原子Ⅱ时，它是$2N$个方程的联立方程组。这个方程组有下列形式解，式 7-8、式 7-9：

$$u_{2n} = A\mathrm{e}^{\mathrm{i}(\omega t - na\boldsymbol{q})} \tag{7-8}$$

$$u_{2n+1} = B\mathrm{e}^{\mathrm{i}[\omega t - (n+1/2)\mathrm{a}\boldsymbol{q}]} \tag{7-9}$$

在式 7-9 中，$\boldsymbol{u}_{2n}$、$\boldsymbol{u}_{2n+1}$ 分别表示位置 $2n$ 和 $2n+1$ 的原子的位移；A、B表示波的振幅；ω表示角频率；t表示时间变量；a表示晶格常数；$\boldsymbol{q}$

表示波矢；n表示原子键中的原胞编号，i表示虚数单位。将结果代入式 7-8，可以得到式 7-10、式 7-11：

$$-M_1\omega^2 B = \mathrm{f}\left(\mathrm{e}^{-\frac{1}{2}\mathrm{i}\omega\boldsymbol{q}} + \mathrm{e}^{\frac{1}{2}\mathrm{i}\omega}\right)A - 2\mathrm{f}B \qquad (7\text{-}10)$$

$$-M_2\omega^2 A = \mathrm{f}\left(\mathrm{e}^{-\frac{1}{2}\mathrm{i}\alpha} + \mathrm{e}^{\frac{1}{2}\mathrm{i}\alpha}\right)B - 2\mathrm{f}A \qquad (7\text{-}11)$$

在式 7-10 和式 7-11 中，M_1、M_2表示原子质量，ω表示角频率，B表示波的振幅，f表示力常数，A表示另一种原子的振幅，e表示自然对数的底，i表示虚数单位，$\boldsymbol{q}$表示波矢。上述方程与n，即与原胞的具体位置无关，表明对于解式 7-8，所有联立方程都归结为同一对方程，式 7-11 可以看作以 A 和 B 为未知数的线性齐次方程。

$$\begin{aligned}&\left(M_2\omega^2 - 2\mathrm{f}\right)A + 2\mathrm{f}\cos(\mathrm{a}\boldsymbol{q}/2)B = 0\\&2\mathrm{f}\cos(\mathrm{a}\boldsymbol{q}/2)A + \left(M_1\omega^2 - 2\mathrm{f}\right)B = 0\end{aligned} \qquad (7\text{-}12)$$

它有解的条件是式 7-12 的系数行列式为 0（式 7-13）：

$$\begin{vmatrix} M_2\omega^2 - 2\mathrm{f} & 2\mathrm{f}\cos(\mathrm{a}\boldsymbol{q}/2) \\ 2\mathrm{f}\cos(\mathrm{a}\boldsymbol{q}/2) & M_1\omega^2 - 2\mathrm{f}\end{vmatrix} = 0 \qquad (7\text{-}13)$$

显然，由式 7-13 可以得到ω^2的解（式 7-14）：

$$\omega^2 = \mathrm{f}\frac{M_1 + M_2}{M_1 M_2}\left\{1 \pm \left[1 - \frac{4M_1 M_2}{\left(M_1 + M_2\right)^2}\sin^2(\mathrm{a}\boldsymbol{q}/2)\right]^{1/2}\right\} \qquad (7\text{-}14)$$

把ω_+和ω_-代入式 7-12，就可以求出 A 和 B（式 7-15、式 7-16）。

$$\left(\frac{B}{A}\right)_+ = -\frac{M_2\omega_+^2 - 2\mathrm{f}}{2\mathrm{f}\cos(\mathrm{a}\boldsymbol{q}/2)} \qquad (7\text{-}15)$$

$$\left(\frac{B}{A}\right)_- = -\frac{M_2\omega^2 - 2\mathrm{f}}{2\mathrm{f}\cos(\mathrm{a}\boldsymbol{q}/2)} \qquad (7\text{-}16)$$

由式 7-16 可以知道相邻原胞之间的相位差，即相邻原胞的同类原子的相位差为aq。显然，如果把aq改变2π的整数倍，所有原子的振动实际上没有任何不同，这表明波矢q的取值只需限制在式 7–17：

$$-\frac{\pi}{a} < q \leqslant \frac{\pi}{a} \tag{7-17}$$

这个受限制的范围就是一维双原子晶体的“第一布里渊区”，在这个范围内任意的波数q都有两个格波解，它们的频率ω_+和ω_-由式 7–14 给出，和一般波一样，格波可以有任意的振幅和相位，但是原子Ⅰ和原子Ⅱ振动的振幅比和相位差是确定的，由式 7–15 和式 7–16 决定。在本书中，如果未做说明，“布里渊区”都指第一布里渊区。

（2）周期性条件——波矢取值的限制

在研究物质的性质和行为时，特别是在考虑原子结构对整体物质特性的影响时，科学家们经常面临着建模和求解复杂问题的挑战。在研究双原子链这样的系统时，研究实际的无限长链并不现实，因为链的两端的原子与内部原子存在不同的物理特性，这使得求解运动方程变得极其复杂。为了克服这一困难，玻恩和冯·卡门提出了一种巧妙的模型，即环状链模型，用于模拟具有有限原胞数量的一维线性链系统。在环状链中，虽然原子数量有限，但通过确保所有原胞的完全等价性，以及让原胞数量 N 足够大，使得沿环的运动仍可近似为一维线性链的运动。这种模型的引入使得运动方程的求解变得可行。这个模型的关键在于确保原胞的等价性。换句话说，尽管环状链仅由有限数量的原子构成，但在链的运动中，每个原子都处于类似的环境中，从而使得链内部的原子行为可以被合理地描述。这种等价性对于确保运动方程成立至关重要。这个模型要求标准解式的相位部分满足下列条件，见式 7–18：

$$e^{-iNaq} = 1 \tag{7-18}$$

也就是要求波矢满足下列条件，见式 7–19：

$$q = \frac{2\pi}{Na} K \tag{7-19}$$

在式 7–18 和式 7–19 中，Na表示N个这样的单元连续排列后的总长度，N表示周期性单元的数量，$\boldsymbol{a}$表示每个周期性单元的长度；K表示整数。

玻恩—卡门的环状链模型引入了周期性边界条件，这个周期性边界条件被称为玻恩—卡门边界条件，如图 7-2 所示。这种模型为研究一维双原子链系统提供了一种简单而有效的方法。将这种模型推广到三维体系，可以进行实际晶体的晶格动力学计算。

图 7-2 一维双原子链的玻恩 – 卡门边界条件的示意图

7.2 晶格动力学的微观模型

晶格动力学的研究为理解固体材料的物理性质提供了一个重要的理论框架。在唯象理论中，晶体的模拟可分为微观模型和宏观模型两大类。微观模型从构成晶体的原子或离子出发，通过模拟原子间的相互作用来探究晶格振动，而宏观模型则视晶体为连续介质，基于连续介质力学和经典电磁场理论进行分析。玻恩和冯 · 卡门在 1912 年提出的模型开了晶格振动计算的先河，他们的发现在声子物理学的发展史上具有里程碑意义。虽然玻恩和卡门的模型在拟合实验色散曲线方面取得了成功，但在揭示键的本质和晶格动力学的微观物理过程方面存在局限。20 世纪 50 年代，随着科学研究的深入，新的模型被提出，以包含更多的物理因素，如壳模型和键电荷模型等，这些模型在解释离子和电子在晶格动力学中的作用方面具有更好的代表性。力常数模型作为微观模型的一种，其假设原子通过弹簧相连，通过拟合实验结果来确定弹簧常数。玻恩首次提出使用一个弹簧常数的模型，随后通过引入两个弹簧常数来拟合碳和硅的实验数据。力常数模型因简单，在许多情况下仍被广泛使用。然

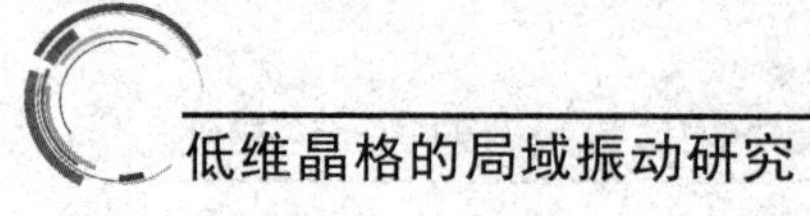

而，对于非极性共价半导体，如硅和锗，该模型显得过于简化，因为价电子并非严格局域于离子实际上。为此，威廉·科克伦提出了壳模型，如图 7–3 所示。该模型假设每个原子由价电子壳层包围一个刚性离子实，其中价电子壳层相对于离子实具有一定的运动能力。宏观模型，如连续介质模型和介电连续模型等，将晶体视为连续介质来进行研究。这类模型在处理晶体的宏观物理性质时提供了有效的理论工具，尤其是在解释晶体的宏观弹性、热学和电磁性质方面。黄昆方程是宏观模型的典型代表，它成功地应用于解释晶体中的宏观现象。

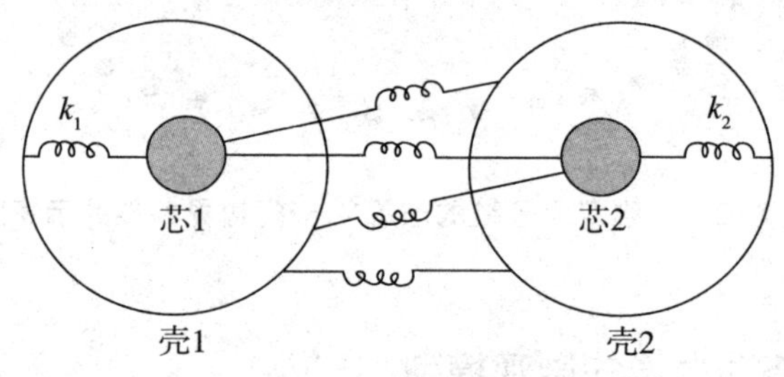

图 7–3　壳模型中两个可变形原子间典型的相互作用

金刚石和闪锌矿型半导体是两种重要的晶体结构，其中价电子形成了高度定向的键。这些键对于半导体的性质具有至关重要的作用，特别是在振动频率的确定方面。通过分析共价键形成的分子的振动性质，人们可以利用键的长度和键角的变化来推断振动频率的特征。这种分析通常通过考虑价力场的变化来实现，而力常数则可以直接从这些价力场中得到。在金刚石和闪锌矿型半导体这样的晶体结构中，原胞通常包含两种不同的原子，只需要考虑少数几个价力场，就可以高效地计算声子色散。通过精确地研究这些原胞中的原子之间的相互作用，以及它们对振动频率的影响，可以深入理解这些半导体的振动特性。金刚石和闪锌矿型半导体中的价电子形成的高取向键，对晶体的稳定性和电子传输性质都具有重要影响。这些键的特性直接影响着晶体的声子色散关系，从而决定了半导体的热传导和声子输运性能。因此，对这些键的力常数进行准确的计算和分析，对于理解半导体的性质具有关键意义。在金刚石和闪锌矿型半导体这样每个原胞有两个原子的晶体中，键弯曲构形如图 7-4 所示。

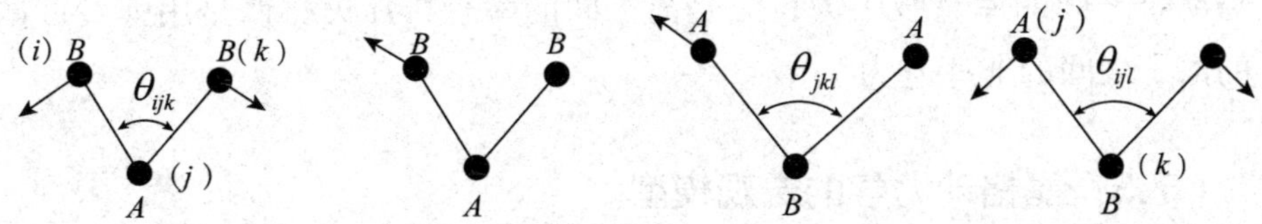

图 7-4　每个原胞中含有两个原子 A 和 B 的晶体中的键弯曲构形

将原子核和内壳层电子视为一个离子实，而将价电子视为独立的实体，是一种常见的简化模型。然而，X 射线散射实验表明，在共价键晶体中，如硅和金刚石，价电子在键方向上会出现电荷的堆积，这一现象被称为键电荷。这种键电荷的存在对于半导体的晶格动力学行为具有重要的影响。理查德 · 马丁提出了一种简单而有效的唯象方式来引入键电荷，并将其纳入半导体的晶格动力学计算中。以金刚石结构为例，键电荷模型如图 7-5 所示。在这个模型中，离子实和内壳层电子合并为一个整体，而价电子则被单独考虑，并且在键方向上呈现出电荷的堆积。这种键电荷模型的引入使人们能够更准确地描述共价键晶体中的电子行为和晶格振动特性。通过考虑键方向上的电荷分布，人们可以更好地理解和预测这些半导体的电子结构和声子谱特征。

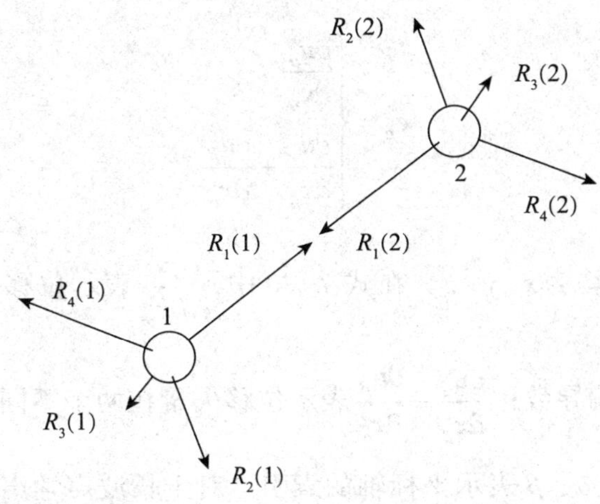

图 7-5　模拟金刚石结构的键电荷模型

决定声子频率的力为：一是键电荷之间的库仑排斥力；二是键电荷与离子之间的库仑吸引力；三是离子间的库仑排斥力；四是用弹簧近似的离子之间的非库仑力。

7.3 晶格动力学的宏观模型

晶格动力学的宏观模型主要包括连续弹性模型和介电连续模型。连续弹性模型适用于处理长波长的声学振动，即振动波长远大于晶格常数的情况。在这种模型下，晶体被视为一个连续的弹性介质，声学振动导致晶体发生宏观应变。这种模型的应用使得人们能够通过传统的连续介质力学方法来描述晶体的声学性质，从而更加方便地分析和理解晶体的振动行为。

介电连续模型则更进一步，考虑了晶体中电场的影响。它是描述晶体中声学振动和电场耦合效应的重要方程之一。借助这种模型，人们可以研究晶体中声子和电子的相互作用，从而深入探究晶体的电子—声子耦合效应，对于理解晶体的电学和声学性质具有重要意义。

弹性介质中的宏观形变可用应变张量$\boldsymbol{e}_\rho$描述，$\boldsymbol{e}_\rho$有 6 个独立变量。应变张量$\boldsymbol{e}_\rho$与位移矢量$\boldsymbol{u}$的关系式为式 7-20：

$$\boldsymbol{e}_\rho=\begin{cases}\dfrac{\partial \boldsymbol{u}_\alpha}{\partial \boldsymbol{x}_\alpha}\\[2ex]\dfrac{\partial \boldsymbol{u}_\alpha}{\partial \boldsymbol{x}_\beta}+\dfrac{\partial \boldsymbol{u}_\beta}{\partial \boldsymbol{x}_\alpha}\end{cases} \tag{7-20}$$

α，β的值均为x，y，z。在式 7-20 中，$\dfrac{\partial \boldsymbol{u}_\alpha}{\partial \boldsymbol{x}_\alpha}$表示位移矢量$\boldsymbol{u}_\alpha$关于其自身方向$x_\alpha$的偏导数；$\dfrac{\partial \boldsymbol{u}_\alpha}{\partial \boldsymbol{x}_\beta}+\dfrac{\partial \boldsymbol{u}_\beta}{\partial \boldsymbol{x}_\alpha}$表示位移矢量在两个不同方向上的偏导数的对称组合；$\alpha$、$\beta$ 表示坐标轴的索引。对于长波声学声子，弹性连续介质模型是合理的近似。

以原胞只含质量分别为M_+和M_-的一对离子的立方晶体为例，讨论离子晶体的长波晶格振动。在一宏观小区域，类似于弹性运动用单位体积的有效惯性质量－密度进行描述那样，对于光学类型运动来说，黄昆引入了宏观量$\boldsymbol{W}$，$\boldsymbol{W}$为式 7-21：

$$\boldsymbol{W}=\left(\frac{\mu}{\Omega}\right)^{\frac{1}{2}}(\boldsymbol{u}_+-\boldsymbol{u}_-) \tag{7-21}$$

其中μ是约化质量，$\frac{1}{\mu}=\frac{1}{M_+}+\frac{1}{M_-}$，$\Omega$为原胞体积，$\boldsymbol{u}_+$和$\boldsymbol{u}_-$为正负离子的位移。黄昆用$\boldsymbol{W}$建立了离子晶体的运动方程：

b_{11}、b_{12}、b_{21}、b_{22}表示系统中的耦合，决定了$\boldsymbol{W}$和$\boldsymbol{E}$的相互作用的强度和方式（式 7-22、式 7-23）；

$$\ddot{\boldsymbol{W}}=b_{11}\boldsymbol{W}+b_{12}\boldsymbol{E} \tag{7-22}$$

$$\boldsymbol{P}=b_{21}\boldsymbol{W}+b_{22}\boldsymbol{E} \tag{7-23}$$

式中：$\boldsymbol{P}$为宏观极化强度；$\boldsymbol{E}$为宏观电场强度。第 1 个方程是离子相对振动的动力学方程，第 2 个方程表示，除了考虑正、负离子相对位移产生的极化外，还要考虑宏观电场存在时的附加极化。

7.4　非晶体的晶格动力学

非晶体在晶体结构上是长程无序的，但保留了短程有序，因此非晶体不存在平移对称性，动量$\boldsymbol{q}$不再是好量子数，格波概念不再成立，但是仍存在一系列本征振动，能量也是量子化的，因此仍可保留“声子”的概念，但此时声子是没有“准动量”的能量子。于是，在非晶体中，声子频率的色散关系$\omega(\boldsymbol{q})$不再存在，但是声子数的频率分布（声子态密度）依然存在。声子态密度的定义为单位体积内单位频率间隔内声子的数目，即式 7-24：

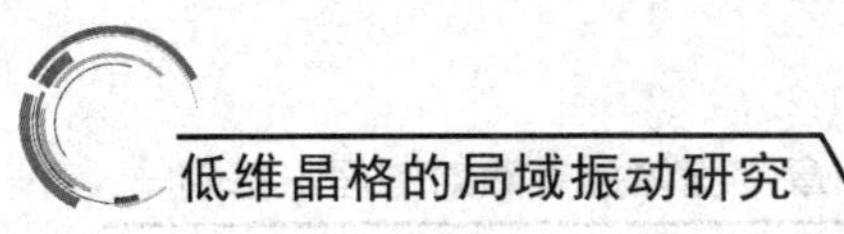

$$g(\omega)=\frac{\mathrm{d}N}{\mathrm{d}\omega} \tag{7-24}$$

在式 7-24 中，$\frac{\mathrm{d}N}{\mathrm{d}\omega}$是一个微分表达式，表示状态数$N$关于频率$\omega$的变化率；$N$为单位体积内声子数目。声子态密度$g(\omega)$可以通过晶格动力学计算获得。图 7-6（a）和图 7-6（b）是分别用唯象模型和从头算方法计算得到的晶体和非晶体 Si 的声子态密度。从图 7-6（b）可以看到，计算的非晶体和晶体的声子态密度差别不大，这可能因为在计算中，对于晶体硅如同对非晶硅那样，只考虑了近邻原子间的相互作用有关。

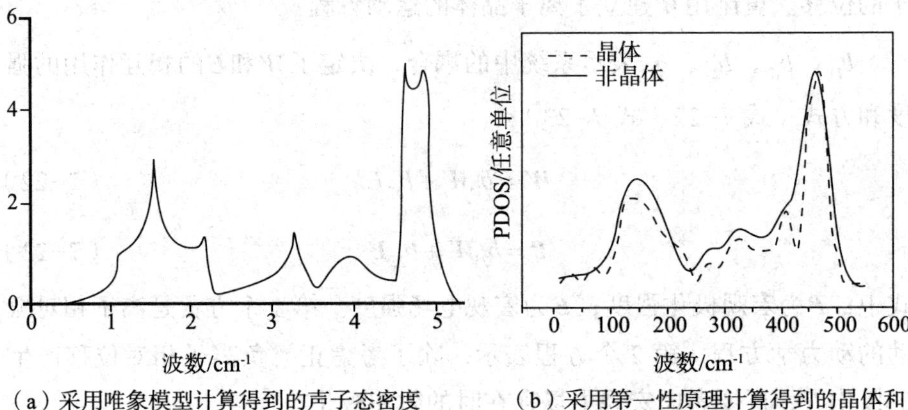

（a）采用唯象模型计算得到的声子态密度

（b）采用第一性原理计算得到的晶体和非晶硅的声子态密度

图 7-6　采用不同方法计算得到的声子态密度

7.5　固体的拉曼散射理论

在探讨固体的拉曼散射理论时，基本出发点是理解光与固体相互作用的本质。在一个理想化的情境中，若固体中的原子处于静止状态，光散射场的强度可简单地通过对固体内所有单个原子的光散射场进行叠加得到。然而，这一假设忽视了固体内部原子的动态特性，尤其是在晶体这种原子有规则、周期性排列的凝聚态物质中，光的干涉原理揭示了一个更加复杂的相互作用过程。

对于波长远大于原子间距的光而言，晶体中原子或分子散射的光波可视为相干次波。理论上，如果固体内部的原子或分子保持静止不动，则除光的前进方向外，在其他方向上的光波将因相消干涉而不表现出散射现象。然而，这种情况在实际的物理世界中几乎不存在。固体内部原子和分子的随时间的涨落，即声子或格波的存在，打破了上述的干涉相消，使得光的散射成为可能。

声子代表了固体中原子在空间和时间的涨落，是固体晶格动力学的基本元激发。声子与光的相互作用是固体拉曼散射现象的核心。然而，声子与光的相互作用并非无条件发生，声子与光在能量（频率）和波矢上的匹配是相互作用发生的前提。此外，只有具有横波特性的声子，才能与光直接耦合，这意味着在光与声子的色散曲线发生交叉时，相互作用才可能导致光散射现象的发生。

由理论分析可以看出，声学声子由于受其频率范围的限制，通常不能与光波耦合，故被认为是非拉曼活性的。相反，光学声子尤其是波矢接近 0 的长波长模式，才可能与光发生相互作用。这一现象降低了声子与可见光直接耦合的可能性，使得声子的拉曼散射通常通过将电子作为中介来实现。

根据固体拉曼散射的理论，声子与光的相互作用实际上涉及固体能带电子体系以及声子体系的复杂交互，其中包含了激子等多体效应以及声子的色散和非谐相互作用。电子在此过程中充当中介，将声子的能量和动量转移给光子，从而使拉曼散射成为可能。这一过程不仅展示了固体内部复杂的物理现象，还揭示了固体物理学中电子与声子相互作用的重要性。声子和光波的色散曲线如图 7-7 所示，上述条件意味着，只有两者发生交叉，声子与光才能够发生相互作用而产生光散射。从图 7-7 中可以直观地看到，声学声子是不能与光波耦合的，即声学声子是非拉曼活性的，而光学声子只有波矢 $\boldsymbol{q}\approx 0$ 的长波长声子才能与光有相互作用，只有远红外光、太赫兹光才能与声子直接耦合。此外，只有产生电偶极矩的光学声子才能与光波发生直接作用，而能产生电偶极矩光学模只存在于极性半导体中，所以最终只有极性晶格振动模可能是红外活性的。

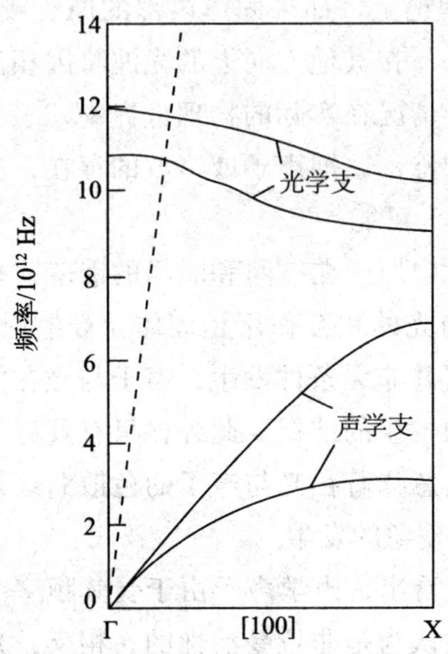

图 7-7　声子（实线）和光波（虚线）的色散曲线

第3部分　低维纳米半导体的拉曼光谱学应用

第 8 章　低维纳米体系拉曼散射的理论基础和光谱特征

物体的尺寸对其性质有着重大影响。在介于宏观和微观尺度之间的介观体系中，随着对低维材料的广泛研究，科学界已经取得了显著进展，但仍有许多问题需要探索解决。在这一领域的研究中，拉曼光谱学扮演着重要角色，为人们提供了深入了解介观体系的渠道，并将继续发挥重要作用。介观体系的研究需要从多个角度进行，拉曼光谱学为人们提供了深入了解介观体系的机会。运用拉曼光谱学知识，人们可以研究介观体系中的结构、晶格振动以及电子—声子相互作用等关键特性，为人们理解介观体系的物理性质提供了重要线索。特别是对于低维纳米半导体而言，拉曼光谱学的应用尤为重要。通过对拉曼散射理论和基本光谱特征的研究，人们可以深入了解这些材料的结构特征、电子能带结构以及声子谱特性等重要信息。这有助于人们理解低维纳米半导体的光电性能，为其在纳米电子学和光电子学等领域的应用提供理论支持。

8.1　低维纳米体系与小尺寸效应

8.1.1　低维纳米体系

宏观物体通常被认为是在 3 个维度上都无穷大的体系，然而实际物体的尺寸是有限的。从特征长度的角度来看，当1个体系在3个维度上的尺寸都远大于某一特征长度时，可被认为是宏观体系。相反，如果1个体系在1个、2个或3个维度上的尺寸达到或小于特征长度，则相应地称为一维体系、二维体系或零维体系等低维体系。低维体系的根本定义在于其尺寸依然是宏观的，但出现了一系列与量子力学波函数相位有关的现象，即出现了微观体系中才有的量子现象，人们通常将这类现象称为介观现象。纳米材料通常指尺寸在 1 nm 到 100 nm 的小尺寸材料，显然是用纯几何尺度定义的。因此，纳米材料与低维体系并不完全等同。然而，大多数定义低维体系的特征长度所对应的几何尺寸通常在纳米量级，因此一些文献中出现了“低维纳米材料”的说法。此外，文献中通常仅将纳米线、纳米管和纳米粒子等称为纳米材料，不将量子阱、超晶格等称为纳米材料，而将其专门称为低维或二维结构材料。因此，当涉及量子阱、超晶格和纳米材料时，统一称为“低维纳米材料”。

8.1.2 小尺寸效应

与拉曼散射直接有关的基础性小尺寸效应有3个：能量、动量和对称性。

（1）能量

在量子力学教科书中，常用一维势阱来讨论体系的定态能量等量子力学现象。其中，重要的势阱有以下两种：一维方势阱和抛物线（谐振子）势阱。

（2）动量

当晶体的几何尺寸$\boldsymbol{r}$非常小时，尺寸的不确定性$\Delta\boldsymbol{r}$也会相应地非常小，因此从不确定关系$\Delta\boldsymbol{k}\cdot\Delta\boldsymbol{r}\leqslant\hbar$，$\Delta\boldsymbol{k}_i\cdot\Delta\boldsymbol{r}_i\leqslant\hbar$（$i=x,y,z$）可以得知，动量$\Delta\boldsymbol{k}$不确定性便会非常大。其中，$\Delta\boldsymbol{k}_i$表示在$i$方向（$x, y, z$）上的波矢的不确定性；$\Delta\boldsymbol{r}_i$表示在$i$方向上的位置的不确定性。也就是说，动量发生了弥散，不再是一个确定值，并随尺寸减小，弥散程度增大。

（3）对称性

当晶体的几何尺寸非常小时，平移对称性显然会不再存在或严格存在，于是，动量不再是一个好量子数，动量守恒定律失效。

8.2　超晶格半导体

超晶格半导体是由具有周期性结构的多个半导体材料组成的材料。超晶格是一种三明治式的层状结构，其形成了沿生长方向的新晶体结构，如 GaAs/AlAs 超晶格的结构，如图 8-1 所示。

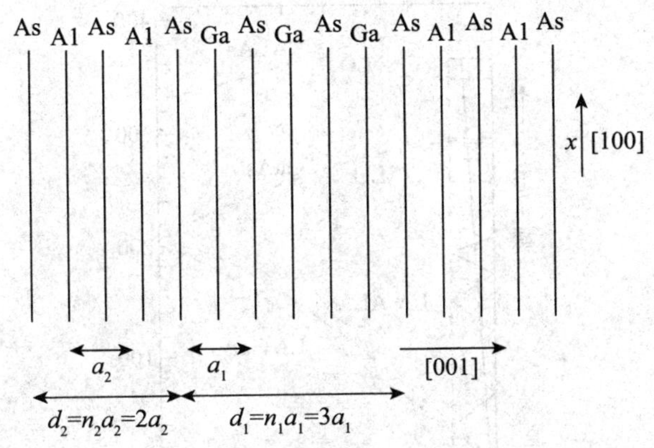

图 8-1　GaAs/AlAs 超晶格的结构示意图

这种结构与构成超晶格的体材料的对称性和晶格周期不同。由此产生的结构特征导致了超晶格振动模式的出现，其色散和光谱特征与相应的体材料不同。这些新的振动模式在超晶格中展现出独特的性质，因为其结构具有周期性的重复单元，相较于体材料，超晶格的振动模式受到了限制和调制，从而呈现出与体材料不同的振动色散和光谱特征。

首先，沿生长方向 Z，对于光学声子通常会构成了一个声子势阱，势阱中的声子的能量特征将与势阱中的电子相类似。

其次，新的晶格周期 $L=(n_1a_1+n_2a_2)$（n_1 和 n_2 是整数，表示各自材料层的重复单元数量，a_1和a_2表示各自材料层的晶格常数），使得体材料的$\frac{-\pi}{a}-\frac{\pi}{a}$的大布里渊区变成为$\frac{-1}{L}-\frac{1}{L}$的小布里渊区。对于体材料1和体材料2，如两者色散曲线差别不大，则体色散曲线“折叠”入小布里渊区，于是如同电子在势阱中那样，超晶格中材料1和2的声子的能量分别“分裂”成n_1+n_2个能级。如果体材料1和体材料2色散曲线相差很大，则在体材料中的光学声子模，在超晶格中将限制在各自材料中，如图8-2所示。

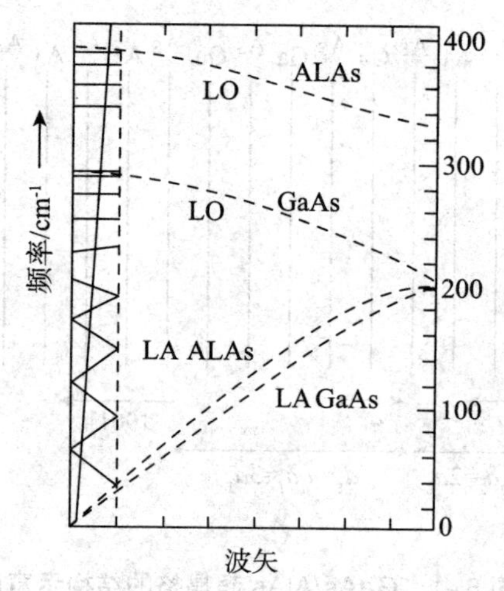

图8-2　光波（斜实线）、GaAs和AlAs的体（虚线）、超晶格（实线）纵声子色散的示意图

最后，如图8-2所示，GaAs（砷化镓）和AlAs（砷化铝）超晶格的声学声子色散曲线与光波色散曲线的交叉。在原始的GaAs和AlAs体材料中，声学声子和光波的色散曲线不相交。然而，在GaAs/AlAs超晶格中，由于结构的周期性折叠，声学声子的色散曲线与光波的色散曲线发生了交叉。这种交叉使得原本在体材料中非拉曼活性的声学声子，在超晶格中变得具有拉曼活性。利用拉曼光谱技术，现在可以记录到原本只能通过布里渊散射才能观察到的声学声子的散射现象。沿着超晶格的生长方向，平移对称性仍然存在，因此动量守恒和波矢选择定则仍然保持不变。一级拉曼散射仍然发生在布里渊区中心。超晶格中的三明治式层状结构可以被看作由不同材料的平板堆积而成。因此，平板模型成了构成超晶格理论模型的基础。这种模型可以很好地解释超晶格中声学声子和光学声子的交叉现象，以及由超晶格界面结构引起的新的振动模式。GaAs 和 AlAs 超晶格的研究揭示了声学声子与光学声子之间的耦合效应，以及超晶格结构对振动模式的调制作用。

8.3　纳米半导体

纳米半导体作为现代科技发展中出现的前沿材料，以其独特的物理和化学性质受到广泛关注。在尺寸降至纳米级别时，半导体材料展现出与体相材料截然不同的电子结构和光电特性，这些性质的变化源于量子尺寸效应，即当半导体的尺寸接近或小于载流子的德布罗意波长时，电子和空穴的能级变得离散，形成量子点、量子线和量子井等低维结构。纳米半导体的研究不仅仅是为了探索新奇的物理现象，更重要的是挖掘这些材料在光电器件、能源转换和生物医学等领域的潜在应用。例如，量子点因其尺寸可调的带隙和优异的光学性质，被广泛应用于发光二极管（LED）、太阳能电池和生物标记等领域。量子点能够实现高效的光吸收和发光，其发光波长可以通过改变量子点的尺寸精确调控，从而实现从紫外到红外的宽带发光。在纳米半导体的研究中，制备方法起着决定性的作用。化学气相沉积、分子束外延和溶液相合成等技术已被用来成功制备出各种尺寸和形状的纳米半导体。其中，溶液相合成因其简便、成本低和易于大规模生产的特点，成了制备量子点等纳米半导体的常用方法。通过这些技术，研究者能够精确控制纳米半导体的尺寸、形状和组成，进而调控其电子性质和光学性质。纳米半导体在理论和实验上的研究，推动了量子力学、固体物理和材料科学等学科的发展。在量子力学框架下，通过建立和求解纳米半导体的哈密顿量，可以得到其能带结构、态密度和光吸收等重要物理量的精确描述。实验上，通过高分辨率透射电子显微镜、光谱学和电化学等技术，研究者能够直观地观察纳米半导体的微观结构，分析其光学和电学性能。

随着纳米科技的不断进步，纳米半导体的研究正在向更高的精度和更广的应用领域发展。例如，通过异质结构的设计和制备，可以实现纳米半导体的性能优化，为高效能源器件和下一代电子器件的开发提供材料基础。此外，纳米半导体与生物分子的界面相互作用也是当前研究的热点之一，这为开发新型生物传感器、药物递送系统和癌症治疗策略提供了新思路。

纳米材料和体材料的晶体结构是相同的，因此纳米材料一般仍可沿用体材料的色散曲线。但是，另一方面，小尺寸破坏了平移对称性和动量发生了$\Delta \boldsymbol{q} \approx \frac{\hbar}{\Delta \boldsymbol{r}}$的弥散，使得拉曼光谱的$\boldsymbol{q}=0$的选择定则弛豫，在波矢范围$\Delta \boldsymbol{q}$内的声子都可以参与拉曼散射过程。

8.4 关于微晶模型

在小尺寸体系的拉曼散射研究中，微晶模型是一种被广泛应用的唯象理论，旨在解释实测到的拉曼光谱频率移动和谱线展宽的现象。微晶模型通常包括空间关联模型和 WRL 模型两种主要类型，它们都提出了不同的解释机制来说明这些拉曼光谱特征的变化。提出空间关联模型和 WRL 模型，是为了解释小尺寸体系中拉曼光谱的频率移动和谱线展宽的现象。两种模型都试图从不同的角度解释这些观察到的变化，因此它们所涉及的光谱特征改变的根源也不相同。空间关联模型认为，这些变化源自于$Ga_{1-x}Al_xAs$中合金化所引起的声子局域化，而 WRL 模型则认为，这些变化是由微晶粒的小尺寸对声子造成的限制所致。WRL 模型最初由汪兆平、赫尔曼 · 里希特和卢 · 雷等于 1981 年发表的论文中提出，因此有的文献中将其称为 WRL 模型。1986 年，斯蒂芬 · A · 坎贝尔和

菲利普 · M · 弗歇对 WRL 模型进行了进一步的论述和验证。实验工作者常常使用微晶模型来拟合和分析实验结果，因为这些模型能够相对准确地解释小尺寸体系中拉曼光谱的复杂变化。

针对 $Ga_{1-x}Al_xAs$ 中类 GaAs 光学声子拉曼光谱随 x 增加出现的谱线不对称展宽，如声子色散曲线为 $\omega(\boldsymbol{q})$，那么频率为 $\omega(\boldsymbol{q})$ 和半高宽为 $\Gamma(\boldsymbol{q})$ 的声子散射谱，按洛伦兹分布对总的散射谱作出贡献，总的拉曼强度 $\boldsymbol{I}(\omega)$ 就是对总散射有贡献的不同 ω 和线宽 Γ 的谱线的权重之和，见式 8-1。

$$\boldsymbol{I}(\omega)=\int_0^1 P(\boldsymbol{q})\frac{\Gamma(\boldsymbol{q})/\pi}{[\omega-\omega(\boldsymbol{q})]^2+\Gamma(\boldsymbol{q})^2}\mathrm{d}\boldsymbol{q} \tag{8-1}$$

其中，$P(\boldsymbol{q})$ 是权重因子，代表不同模对总光谱贡献的概率；$\Gamma(\boldsymbol{q})$ 表示在波矢 $\boldsymbol{q}$ 处的声子的谱线宽度；ω 是角频率；$\omega(\boldsymbol{q})$ 表示在波矢 $\boldsymbol{q}$ 处声子的频率。如果假设 $\Gamma(\boldsymbol{q})$ 是与 $\boldsymbol{q}$ 无关的，则 $P(\boldsymbol{q})\approx|C(0,\boldsymbol{q})|^2$，在形式上，WRL 和空间关联模型就雷同了。从物理角度看，声子的尺寸限制和局域化对拉曼散射产生的效果实际上是无法区分的。因此，两种模型在形式上的相似性并不足为奇。这也是人们在应用中往往不严格区分两个模型而统称为微晶模型的原因之一。无论是空间关联模型还是 WRL 模型，它们都试图解释小尺寸体系中拉曼光谱的复杂变化，并且在实践中都能够提供有用的理论框架。

8.5　第一性原理计算

20 世纪 50 年代以来，随着计算机技术的迅速发展和高速处理器、大容量存储器的出现，复杂的理论计算变得可能。以密度泛函理论为基础的科学计算和相应的科学计算软件的发展，使得从头算或利用第一性原理计算成为可能。这种计算方法建立在量子力学薛定谔方程的基础上，可以严格求解电子运动和晶格动力学。在低维纳米半导体体系中，特别是原子数量级在 10^2 到 10^6 之间的系统，利用第一性原理方法进行严格求解变得日益重要。这些体系由于尺寸较小，特性可能受到量子尺寸效应的显著影响，因此需要更精确的理论描述。利用第一性原理计算，可以准确地模拟这些体系中的电子结构、晶格振动以及其他物理性质，为实验结果提供理论支持，并提供对实验中无法观察到的微观过程的深入理解。这种计算方法的出现对于理论研究和实验研究的结合具有重要意义。它为科学家提供了一种全新的工具，可以帮助他们探索和理解低维纳米体系中的新奇现象和材料特性。通过实验发现，利用第一性原理计算可以验证实验结果，还可以预测和设计新型纳米材料的性质和功能。

8.5.1 Si/Ge 超晶格晶格动力学的从头算

高塔姆·高士和埃里克·莫利纳里运用从头算方法，对 Si/Ge 超晶格的晶格动力学进行了详细计算。考虑到 Ge 和 Si 的晶格常数相差 6%，因此这种超晶格被称为应变层超晶格。他们从原子层面出发，解决了晶格动力学方程，这项工作对于理解 Ge/Si 超晶格的物理性质具有重要意义。其计算模型如图 8-3 所示。

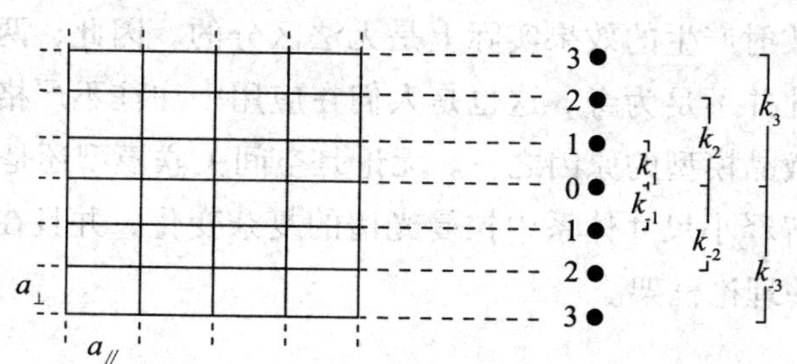

图 8-3 从头算方法计算所用的模型的示意图

对沿（001）取向的 Ge_4/Si_4 超晶格计算得到的色散曲线如图 8-4 所示，一个单胞内 Γ 点声子纵位移幅度沿 Z 方向位置的变化的示意图如图 8-5 所示。

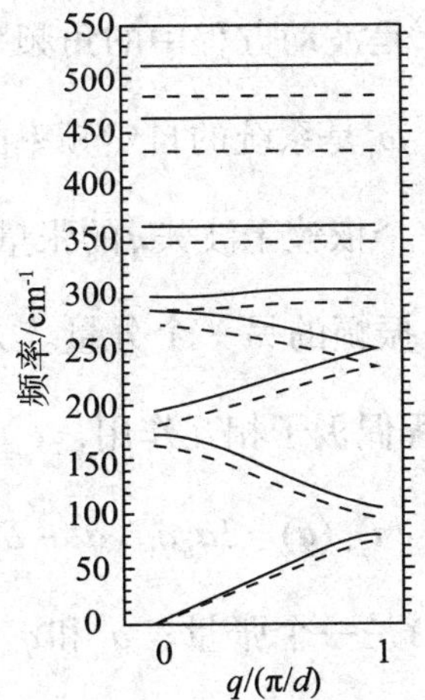

图 8-4　沿（001）取向的 Ge_4 / Si_4 超晶格的色散曲线示意图

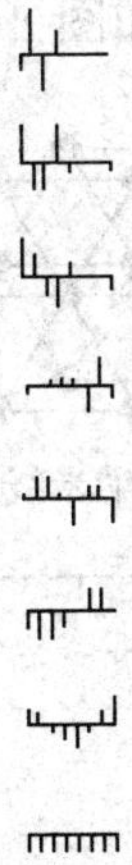

图 8-5　Γ 点声子纵位移幅度沿 Z 方向位置变化的示意图

8.5.2　硅 [111] 纳米线的色散关系

利用经典动力学理论解幅度为 Q_μ 的长波光学声子，其动力学方程为式 8-2：

$$\omega(\boldsymbol{q})^2 Q_\mu = \omega_0^2 Q_\mu + \omega_c^2 \boldsymbol{t}_{\mu\nu}(\boldsymbol{q}) Q_\nu - \boldsymbol{F}_{\mu u\alpha} q_\alpha q_\beta Q_\nu \tag{8-2}$$

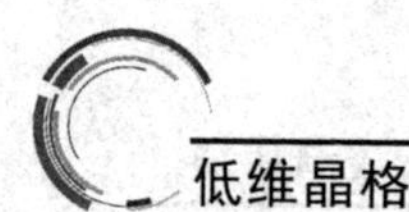

在式 8-2 中，$\omega(\boldsymbol{q})^2$是波动方程中的角频率的平方；Q_μ表示某种模式的振幅；μ 是一个指标；ω_0^2是系统的自然频率的平方；ω_c^2是与耦合有关的频率的平方；$\boldsymbol{t}_{\mu\nu}(\boldsymbol{q})$是一个依赖于波矢$\boldsymbol{q}$的张量；$\boldsymbol{F}_{\mu u\alpha}$是力的张量；$q_\alpha$和$q_\beta$是波矢分量；$Q_\nu$和$Q_\mu$是振幅的另一个分量。方程右边的第一项来自最近邻短程力，第二项是长程偶极子相互作用，$\boldsymbol{t}_{\mu\nu}(\boldsymbol{q})$可按式 8-3 计算：

$$\boldsymbol{t}_{\mu\nu}(\boldsymbol{q}) = 3q_\mu q_\nu / \boldsymbol{q}^2 - \delta_{\mu\nu} \tag{8-3}$$

在式 8-3 中，$\boldsymbol{t}_{\mu\nu}(q)$是一个张量；$q_\mu$和$q_\nu$是波矢$\boldsymbol{q}$的分量，分别代表波的传播方向和大小的分量在$\boldsymbol{\mu}$和$\boldsymbol{v}$方向上的投影；$\boldsymbol{q}^2$是波矢$\boldsymbol{q}$的模平方；$\delta_{\mu\nu}$是克罗内克函数，当$\boldsymbol{\mu}$=$\boldsymbol{u}$ 时取值为 1，否则为 0。硅 [111] 纳米线的原子结构和得到的低频色散曲线如图 8-6 所示。

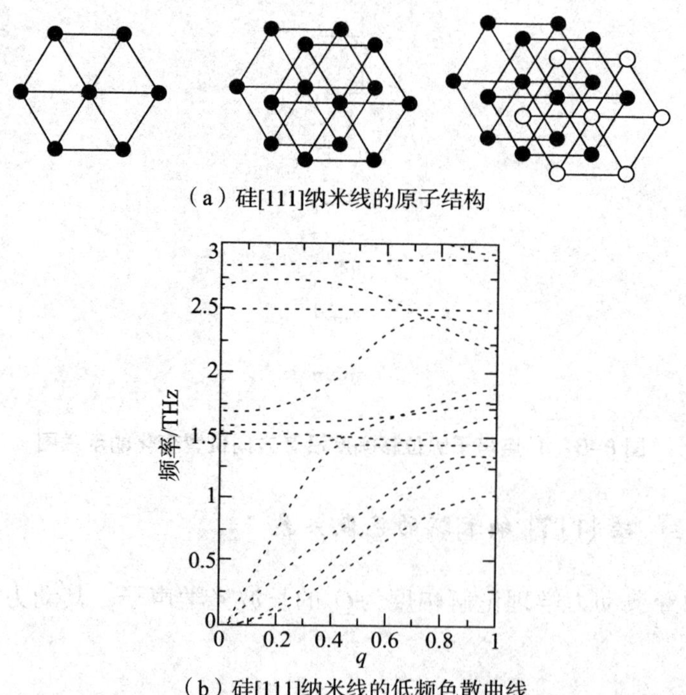

（a）硅[111]纳米线的原子结构

（b）硅[111]纳米线的低频色散曲线

图 8-6　硅 [111] 纳米线的原子结构和低频色散曲线

第 9 章　低维纳米半导体的基础拉曼光谱

激发光照射样品时会产生拉曼散射，基础拉曼光谱是在保持激发光特性和样品性质不变的常规条件下测得的。一级斯托克斯基础拉曼光谱通常被视为材料的“指纹谱”，反映了材料的特征和性质。这些基础拉曼光谱提供了关于材料的结构、成分和化学键信息，是拉曼光谱分析的重要基础。

9.1　半导体超晶格的特征拉曼光谱

半导体超晶格是一种由不同半导体材料交替堆叠而成的人工结构，其层间厚度通常在纳米尺度上。这种结构的引入，不仅在物理学上开辟了研究新奇量子效应的途径，还为开发新型光电器件提供了基础。超晶格的特性拉曼光谱研究是理解其复杂物理性质的重要手段之一，通过对拉曼散射光谱的分析，可以获得关于超晶格中声子模式、电子态及其相互作用的丰富信息。在超晶格结构中，由于周期性的层状排列，其声子谱和电子能带结构会表现出显著的量子化特征。这种量子化的结果导致了超晶格中出现了独特的拉曼活性模式，这些模式与组成超晶格的单一材料中的模式有本质的不同。特别是超晶格的界面和周期性结构引入了额外的限制条件，对声子的色散关系产生了影响，从而改变了拉曼光谱的特征。

超晶格的拉曼光谱通常具有以下特点：首先，由于超晶格原子排列具有周期性，其拉曼光谱中会出现所谓的折叠声子模式。这些模式的出现是由超晶格的布里渊区折叠导致的，与超晶格的周期性直接相关。其次，界面模式也是超晶格特有的一类拉曼散射模式，它们来源于超晶格中不同材料界面处的原子振动。这些模式对于理解超晶格界面处的物理化学性质至关重要。再次，由于量子限域效应，超晶格中电子和声子的相互作用会被显著调制，进而影响拉曼光谱中的电子—声子耦合模式。在分析超晶格的拉曼光谱时，研究者通常会关注拉曼峰的位置、强度以及峰宽的变化。这些特征的变化可以提供关于超晶格材料组成、层间匹配以及电子—声子相互作用等方面的信息。例如，通过比较不同周期厚度的超晶格拉曼光谱，可以直观地观察到量子限域效应对声子模式的影响。最后，超晶格拉曼光谱的研究不但为理解量子化的声子和电子态提供了一种强有力的实验手段，而且对于指导超晶格结构设计和优化具有重要意义。通过精细调控超晶格的组成和结构，可以实现对其光电性质的精确调制，为开发新型半导体器件，如高效率的激光器、探测器以及太阳能电池等提供理论基础和实验指导。随着纳米科技的进步和人们对量子物理的深入研究，超晶格及其拉曼光谱研究将继续成为凝聚态物理学和材料科学中的一个重要研究领域，推动相关科学技术的发展。

半导体超晶格具有丰富的声子模式，主要分为三类五种，分别是限制在阱层和垒层的光学声子模、折叠声学声子模以及与超晶格中层和层之间的界面有关的界面模（图 9-1）。

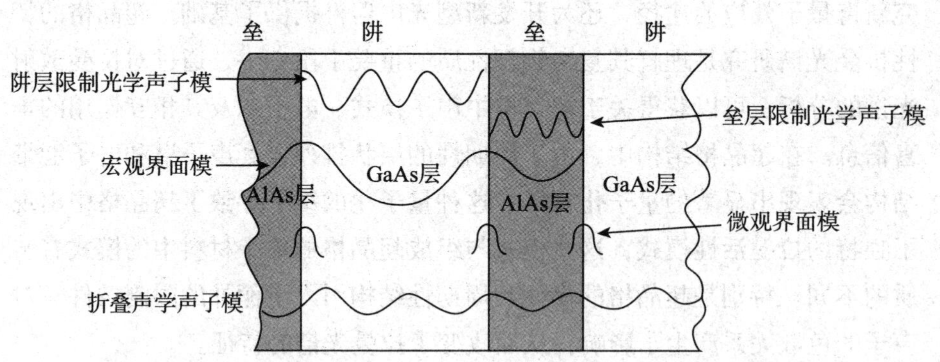

图 9-1　GaAs/AlAs 超晶格结构及其 5 种模声子波函数的示意图

光学声子模主要受到阱层和垒层的约束，其振动方向与晶格平面垂直；折叠声学声子模在布里渊区中心折叠，形成新的声子能带；而界面模则涉及超晶格中层与层之间的相互作用，包括宏观界面模和微观界面模。宏观界面模考虑超晶格结构整体性质，而微观界面模关注局部界面结构。此外，根据模振动的方向，声子模式又可分为纵向模和横向模，分别指振动方向与声波传播方向平行和垂直的模。

9.2　纳米硅的特征拉曼光谱

纳米硅作为一种在纳米科技和材料科学中具有广泛应用前景的半导体材料，研究其特征拉曼光谱对于理解其物理性质和推动其应用发展具有重要意义。特别是多孔硅和硅纳米线这两种纳米硅材料，它们独特的结构赋予了它们特殊的光电性质，使得对它们的研究成为材料科学领域的热点。

多孔硅，通过电化学腐蚀晶体硅片并在氢氟酸的作用下形成，其结构由纳米尺寸的硅柱或粒子组成。这种独特的多孔结构不仅导致了多孔硅在可见光区的强烈发光，还使其拉曼光谱表现出与块体硅显著不同的特征。多孔硅的特征拉曼光谱通常表现出较块体硅更宽的拉曼峰和位移至较低频率的趋势，这主要归因于量子限域效应和表面原子的不同振动模式。量子限域效应导致的能级分裂和表面原子比内部原子更大的振动自由度，都在多孔硅的拉曼光谱中得到了反映。

硅纳米线作为另一类重要的纳米硅材料，通过激光蒸发硅并在特定条件下生长形成。硅纳米线的拉曼光谱不仅能提供关于其结构的信息，还能反映其生长过程中可能形成的 SiO_2 纳米结构和可能存在结构缺陷，如位错等。硅纳米线的特征拉曼谱通常显示出与多孔硅相似的量子限域效应，表现为拉曼峰的红移和宽化。此外，硅纳米线表面的 SiO_2 层和可能存在的缺陷对拉曼谱也有贡献，通过对这些特征的分析，可以深入理解硅纳米线的微观结构及其成长机理。

对纳米硅材料的特征拉曼光谱研究，不仅为人们提供了一种强有力的探究材料的结构和性质的工具，还促进了人们对这些材料在光电子器件、光催化和生物医学等领域应用的理解。多孔硅和硅纳米线的研究，在揭示了纳米结构对材料性质影响的基本原理的同时，为设计和制备具有特定功能的纳米材料开辟了新的途径。随着纳米科技的发展和纳米材料合成技术的进步，对纳米硅及其拉曼光谱特性的研究将继续深化，推动新型纳米材料的发现和应用。

9.3 纳米碳的特征拉曼光谱

碳是一种极为多样化的元素，其存在多种形态，包括长程有序的晶态金刚石和石墨，以及大量无序的形态，如无定形碳和玻璃碳。尽管这些形态的碳物质在拉曼光谱上具有一些相似之处，但也存在着显著的差异。晶体结构方面，碳主要有立方金刚石和六方石墨两种。石墨的层状结构使得其具有特殊的物理性质，虽然石墨层间耦合较弱，但二维和三维石墨的声子色散和态密度曲线基本相似。人造金刚石粉是小尺寸金刚石，其拉曼特征谱一直备受关注。首个纳米尺寸的金刚石特征拉曼谱由吉川诚等人于 1995 年发表。纳米晶金刚石保持了高硬度和良好的光洁度，因此大量合成纳米晶金刚石的 CVD 方法技术具有重要的应用价值。在 CVD 方法合成纳米晶金刚石的过程中，1 145 cm^{-1} 的拉曼峰的出现常被视为生成纳米晶金刚石的判据。拉曼光谱对不同形态的碳物质具有高度的敏感性，可以提供关于其晶体结构和化学组成的重要信息。

碳纳米管是作为生长富勒烯的副产品，于 1991 年被饭岛澄男首先发现的。研究表明，碳纳米管振动模的对称性如式 9-1：

$$\Gamma_{cpt} = 2E_{2G}(R) + E_{1M}(IR) + 2B_{2G} + A_{2M}(IR) \tag{9-1}$$

Γ_{cpt} 表示拉曼光谱的特征频率总和；$E_{2G}(R)$ 表示拉曼活性的 E_{2G} 对称性的振动模式的两倍贡献；$E_{1M}(IR)$ 表示红外活性的 E_{1M} 对称性的振动

模式的贡献；$2B_{2G}$表示拉曼活性的B_{2G}对称性的振动模式的两倍贡献；$A_{2M}(IR)$表示红外活性的A_{2M}对称性的振动模式的贡献。振动数目与对称性有关，而与直径无关，有 15 或 16 个拉曼活性模，其中重要的振动模有以下几种：

①径向呼吸模：100 ～ 250 cm^{-1}，与碳纳米管直径相关的特征模，对应石墨中垂直平面的零能量振动模，简称 RB 模。

② D 模：1 280 ～ 1 350 cm^{-1}，对应样品中的杂质和缺陷。

③ G 模：1 500 ～ 1 750 cm^{-1}，切向振动模，对应石墨中的切向伸缩振动模。

9.4　极性纳米半导体的特征拉曼光谱

极性纳米半导体由于内部具有不对称的电荷分布，展现出独特的光学和电学性质，成了纳米科学和材料科学领域中的研究热点。这些半导体材料在光电子、能量转换和传感器等领域的应用中显示出了巨大的潜力。特征拉曼光谱作为一种强有力的非破坏性表征工具，为研究这类材料的微观结构和动力学提供了重要的信息。极性纳米半导体的拉曼光谱研究，特别关注其内部声子模式的行为和电子 - 声子相互作用。由于纳米尺度效应，这些材料的声子模式与宏观体相材料相比会展现出显著的差异。例如，量子尺寸效应会导致声子能级的量子化，进而影响拉曼光谱中的峰位和峰宽。此外，极性纳米半导体中的电场效应，如内建电场，也会对声子模式产生重要影响，这些影响在拉曼光谱中体现为峰位的移动和峰形的变化。极性纳米半导体特有的拉曼散射特征，不仅受到其极性本质的影响，还受到纳米结构的形状、尺寸和表面状态的影响。例如，纳米线、纳米带和量子点等不同形态的极性纳米半导体，其拉曼光谱会显示出不同的特征。这是因为纳米结构的几何形状决定了声子模式的限域效应，以及表面原子与内部原子不同的振动状态。因此，通过详细分

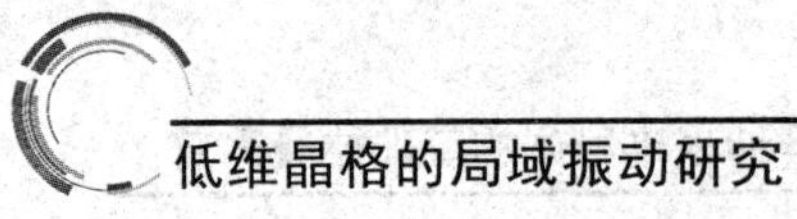

析这些拉曼光谱特征，可以深入理解极性纳米半导体中声子的行为，以及声子与电子、光子的相互作用机制。

极性纳米半导体的特征拉曼光谱还受到其化学组成和掺杂情况的影响。掺杂可以显著调节半导体的电子结构，进而影响电子—声子相互作用。在拉曼光谱中，这种影响可以通过观察与电子相关的拉曼散射模式，如电子—声子耦合引起的拉曼峰位移和线形变化，来进行研究。这为设计和优化极性纳米半导体材料的性能提供了重要的指导。在应用层面，研究极性纳米半导体的特征拉曼光谱，不仅对理解材料的基本物理过程至关重要，还对开发新型纳米器件具有指导意义。例如，在光电子器件、光催化和生物标记等领域，通过拉曼光谱分析极性纳米半导体的声子特性，可以优化材料性能的设计，提高器件的性能。

ZnO 纳米粒子的 X 射线衍射谱如图 9-2 所示。

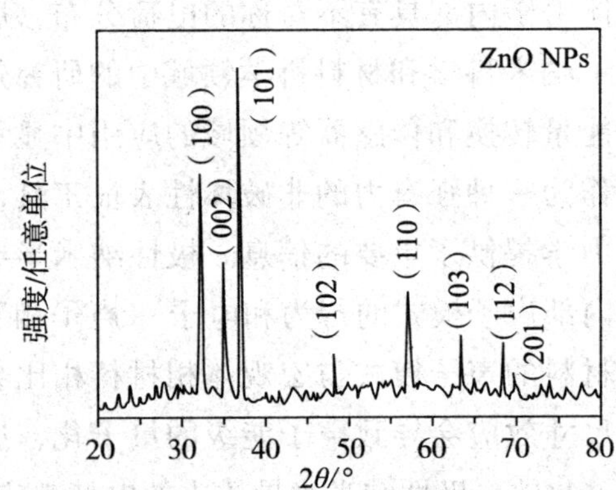

图 9-2　ZnO 纳米粒子的 X 射线衍射谱

GaN 纳米粒子的 X 射线衍射谱如图 9-3 所示。

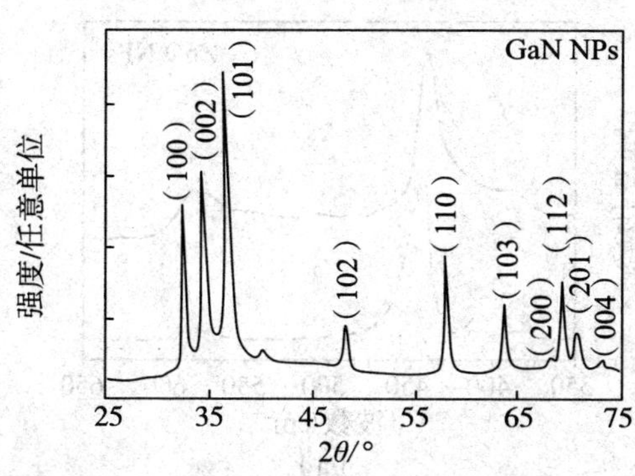

图 9-3　GaN 纳米粒子的 X 射线衍射谱

CdSe 纳米棒的 X 射线衍射谱如图 9-4 所示。

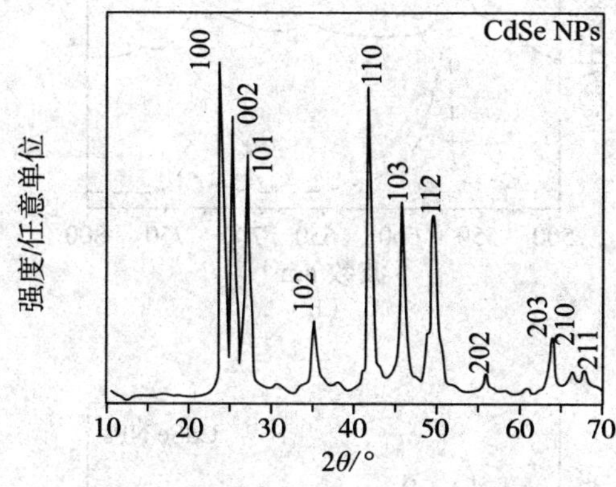

图 9-4　CdSe 纳米棒的 X 射线衍射谱

ZnO、GaN 纳米粒子和 CdSe 纳米棒拉曼谱与微晶模型计算谱如图 9-5 所示。

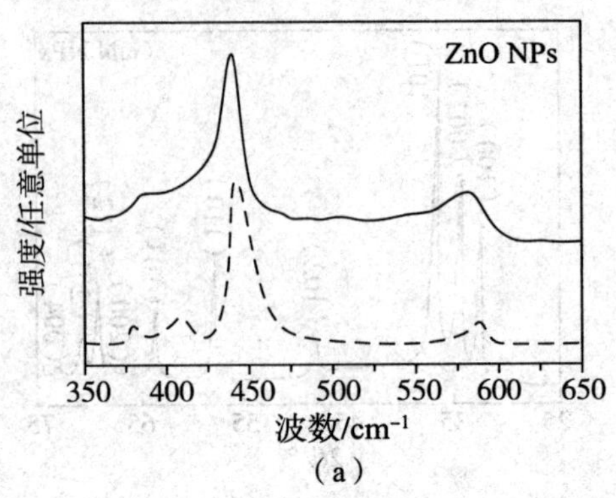

（a）

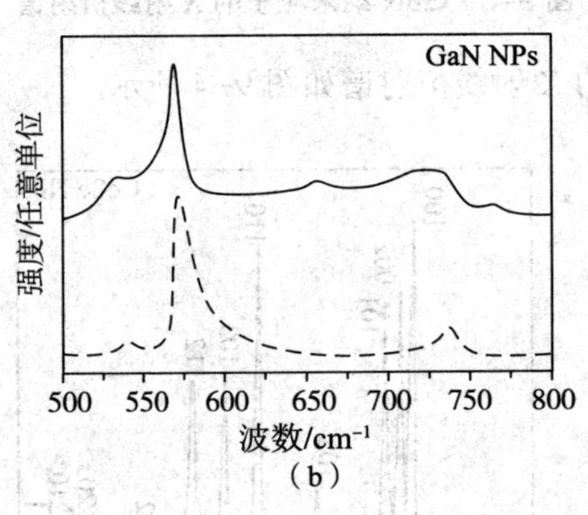

（b）

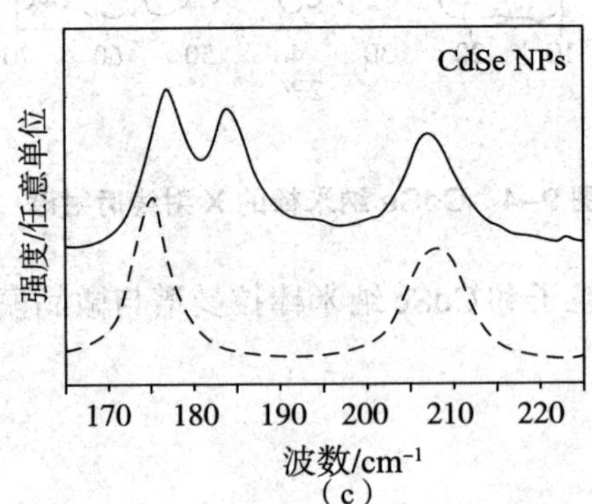

（c）

图9–5　ZnO、GaN纳米粒子和CdSe纳米棒拉曼谱（实线）与微晶模型计算谱（虚线）

ZnO、GaN 纳米粒子和 CdSe 纳米棒拉曼谱与非晶模型计算谱如图 9-6 所示。

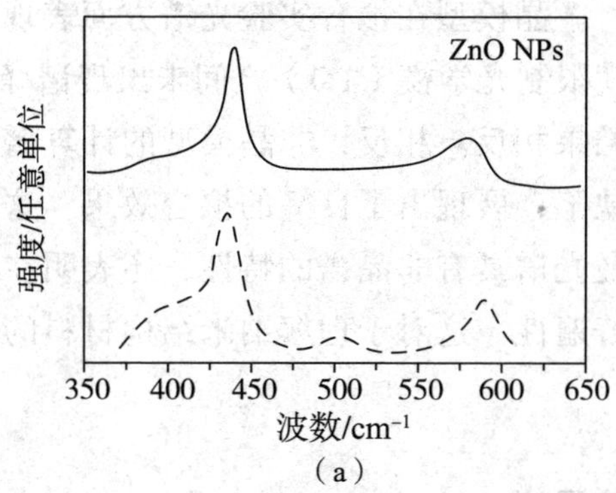

（a）

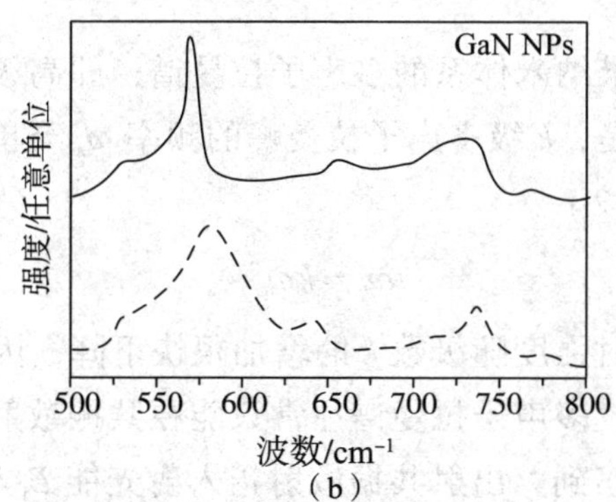

（b）

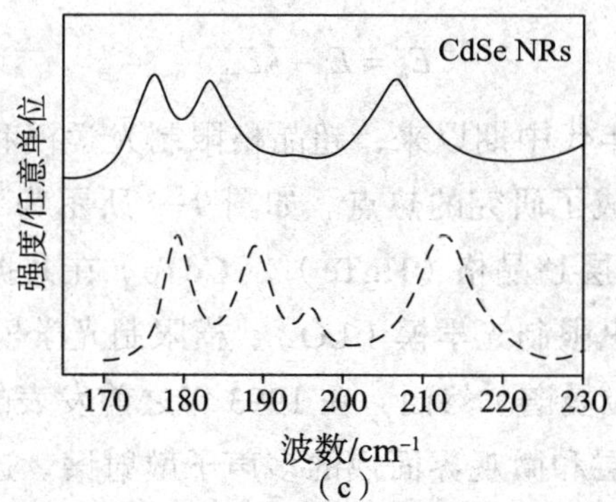

（c）

图 9-6　ZnO、GaN 纳米粒子和 CdSe 纳米棒拉曼谱（实线）与非晶模型计算谱（虚线）

如图 9-5 和图 9-6 所示的实验拉曼光谱揭示了这些纳米结构材料的振动特性。与微晶模型和非晶模型相比，实验结果显示非晶模型在拟合光谱方面效果更佳；微晶模型在拟合实验光谱方面表现不佳，如在纵限制光学模（LO）、横限制光学模（TO）之间未出现谱峰，并且光谱线形的不对称性与实验结果相反。相反，非晶模型的计算谱与实验光谱高度符合，消除了这些缺陷，展现出了良好的拟合效果。这些结果不仅揭示了 SiC 纳米棒的拉曼光谱具有非晶谱的特性，还表明在极性纳米半导体中，这种现象具有普遍性。这对于理解纳米结构材料的振动行为和性质具有重要意义。

9.5 多声子拉曼谱

本节将介绍低维纳米体系的多声子拉曼谱，即高级拉曼谱。多声子拉曼谱的重要特征是，k 级多声子拉曼峰的频率 ω_k 与单声子的拉曼频率 ω_1 有关系，见式 9-2：

$$\omega_k = k\omega_1 \tag{9-2}$$

多声子拉曼散射强度随级数 k 的增加很快下降，因此观察多声子散射谱是比较困难的。多声子拉曼谱往常只能在共振散射，特别是出射共振散射时，才能观察到。出射共振散射指入射光能 E_{i} 与声子能量 E_{ph} 和电子能隙 E_{g} 满足下列条件的散射，见式 9-3：

$$E_{\mathrm{g}} = E_{\mathrm{i}} - kE_{\mathrm{ph}} \tag{9-3}$$

自 20 世纪 80 年代中期以来，超晶格限制光学模和宏观界面模的多声子拉曼光谱逐渐成了研究的热点。如图 9-7 所示为不同层厚的 GaAs/AlAs 超晶格和应变层超晶格（HgTe）/（CdTe）在共振条件下测得的拉曼谱，清晰显示了纵限制光学模（LO）、横限制光学模（TO）和宏观界面（IF）的多声子拉曼谱。然而，在 1993 年之前发表的多声子谱中，并未观察到限制于垒层和微观界面模的多声子散射谱。这说明在早期的研究中，对于这些特殊声子模的认识还相对较少，可能受到实验技术和分析方法的限制。随着研究的深入和技术的进步，人们逐渐意识到了这些声子模的重要性，并开始着手研究它们的特性和行为。

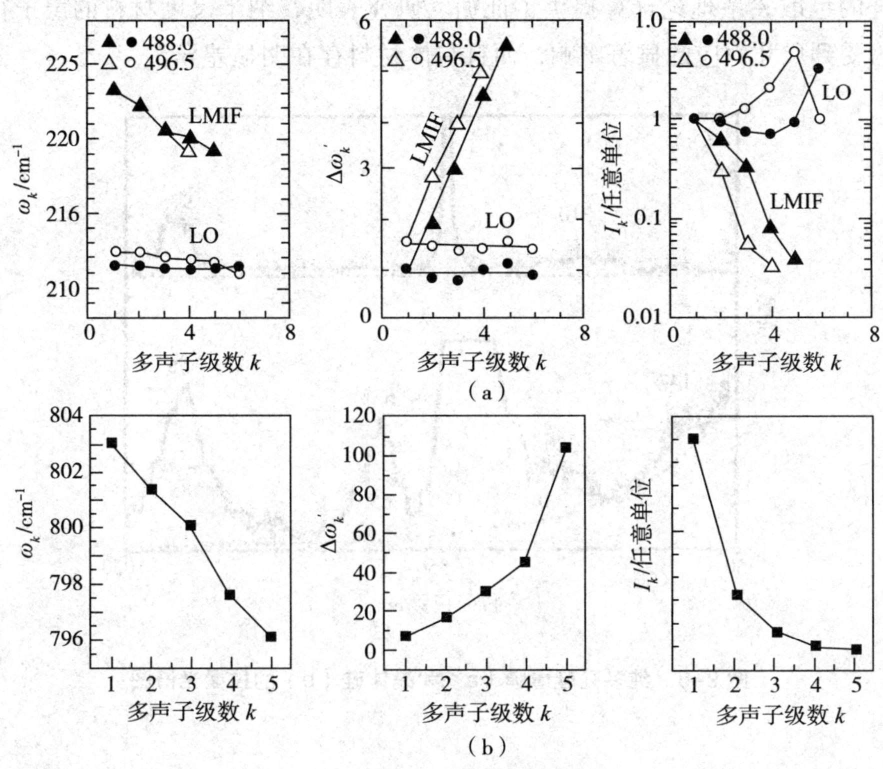

图 9-7　多声子级数 k 变化规律图

在体硅中，双声子谱早已被观察和研究，如位于 960 cm^{-1}的光学模的双声子谱，在常规测量中能很容易地观察到，并且被指认为在布里渊边界区的 2LO 散射。没有硅衬底的纯多孔硅膜的多声子谱如图 9-8 所示。图 9-8 显示在 632 cm^{-1} 和 956 cm^{-1} 处有 2 个谱峰，并分别被指认为（TA+TO）和 2LO 双声子峰。观察到在超晶格中 TA+TO 和 2TO 模的散射强度异常高的现象，可以通过尺寸限制效应引起的动量弛豫来解释。这种现象意味着在这些材料中波矢守恒定律被破坏，从而使得 TA+TO 和 2TO 模的散射强度增大。然而需要注意的是，观察到的 TA+TO 和 2TO

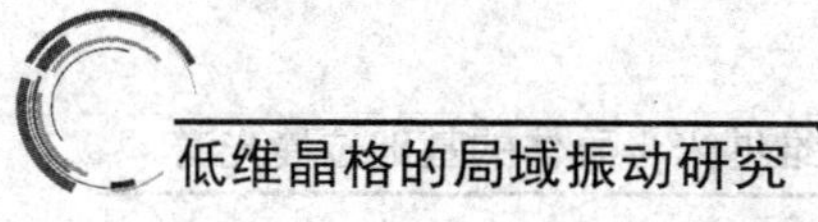

的频率值与用体硅的声子色散曲线进行分析和估算的结果不符合，这表明用体色散关系分析纳米尺度材料是不恰当的。这一观点为后续对纳米硅的色散关系理论计算提供了证据。研究表明，纳米尺度材料的声子行为受到尺寸效应的显著影响，而且与体材料存在明显差异。

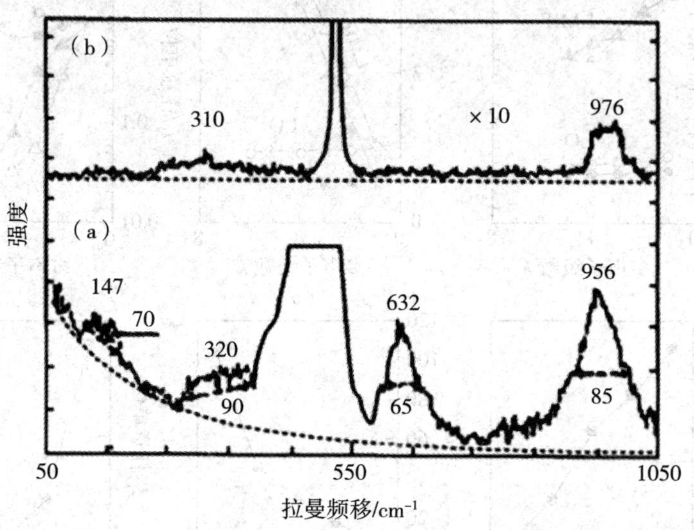

图 9-8　纯多孔硅薄膜（a）和晶体硅（b）的拉曼光谱图

9.6　反斯托克斯拉曼谱

在光谱学中，拉曼散射现象是一种非常重要的光与物质相互作用的现象，其中包含斯托克斯和反斯托克斯两个过程。相较于斯托克斯拉曼散射，反斯托克斯拉曼散射在研究物质的微观性质、热动力学参数以及能量传递过程中，展现出了独特的应用价值和科学意义。在反斯托克斯拉曼散射过程中，散射光的频率高于入射光，这是因为在散射过程中，入射光子获得了样品中激发态声子的能量。从量子力学的角度来看，这一过程涉及物质的激发态能级向基态能级跃迁，并将额外的能量转移给散射光子，从而导致散射光频率的提高。这一现象不但为研究物质的能级结构提供了一个强有力的工具，而且有利于人们理解物质的热性质和动力学行为。在实际应用中，反斯托克斯拉曼光谱的强度与样品的温度有直接的关系。由于散射过程中涉及的是样品中已经处于激发态的声子，因此反斯托克斯散射强度的大小依赖于激发态声子的数目，而这一数目又直接受到样品温度的控制。因此，通过测量反斯托克斯拉曼散射光谱，可以对样品的温度分布进行精确的测量，这对于研究热传递过程、化学反应动力学以及新材料的热稳定性等具有极其重要的价值。反斯托克斯拉曼散射光谱的测量和解析对实验条件有着较高的要求。由于反斯托克斯散射过程涉及的是样品内部的微观激发态，需要使用高灵敏度的光谱测量设备来捕捉相对较弱的散射信号。此外，由于反斯托克斯拉曼散射的强度受到温度的影响，在进行光谱测量时，精确控制和记录样品的温度是获取可靠数据的关键。

反斯托克斯拉曼谱的频率与斯托克斯拉曼谱的频率的绝对值相等，这是拉曼散射两个普适特征之一。如果令 ω_S 和 ω_{AS} 分别代表斯托克斯拉曼频率和反斯托克斯拉曼频率，定义反斯托克斯拉曼频率和斯托克斯拉曼频率的绝对值之差为 Δ，那么该普适特征就意味着 $\Delta \equiv |\omega_{AS}| - |\omega_S| = 0$。

普适特征是物理学中基本规律和光散射原理的核心体现，它们适用于各种尺度和体系。因此，通过对低维纳米体系的拉曼光谱进行检验，可以深入了解光散射在这些特殊体系中的表现和基本原理。碳纳米管的拉曼谱是研究低维纳米体系的重要工具之一。通过对碳纳米管拉曼谱的分析，可以验证普适特征在纳米体系中是否依然存在。

第 10 章　激发光特性与低维纳米半导体拉曼光谱

拉曼光谱是记录物体受光照射后产生的拉曼散射的频谱，其特性与入射激光的特性密切相关。激发光的波长、偏振方向和强度是影响拉曼光谱的重要因素，波长反映了光子的能量；偏振描述了光波场的振动方向；而强度则反映了光波振动幅度的大小，即光子数的多寡。在实验中，改变激发光的波长可以调控入射光子的能量，进而影响样品中的拉曼散射过程。不同波长的光子与样品发生相互作用后，可能激发不同的振动模式，从而导致在拉曼光谱中观察到不同的峰。此外，改变激发光的偏振方向，可以调节光波场的振动方向，对应着不同的拉曼散射截面，因此会在光谱中引入偏振相关的特征。激发光的强度则直接影响到拉曼信号的强度，因为拉曼散射过程中产生的光子数与入射光的强度成正比关系。因此，通过调控入射激光的波长、偏振方向和强度，可以对低维纳米半导体的拉曼光谱进行精确控制和研究。这些实验参数的变化将直接影响到拉曼光谱的特征，为人们理解低维纳米半导体的结构、性质和行为提供了重要线索和信息。

10.1　激发光波长改变的拉曼谱

在拉曼光谱学中，激发光的波长对所得到的拉曼谱有着深远的影响。

这种影响不仅体现在拉曼信号的强度上，更关键的是它能够改变拉曼散射过程中的共振条件，进而影响拉曼谱线的位置和形状，这为研究物质的电子结构、声子分布以及电子—声子相互作用提供了一个独特的视角。激发光波长的选择依赖于样品的特性以及研究目的。当激发光的能量接近或等于样品中某一电子跃迁的能量时，可以引起共振拉曼散射，这时拉曼信号的强度会大大增加，有时甚至可增强数百至数千倍。这种共振效应不仅显著提高了拉曼散射的灵敏度，还能够提供关于物质激发态性质的重要信息，这对于研究具有复杂电子结构的材料尤为重要。不同波长的激发光还能够揭示材料中不同深度的信息。例如，较短的激发光波长（如紫外区）能够激发表层的拉曼散射，适合用于表面或薄膜材料的研究；而较长的波长（如近红外区）则能深入样品内部，适用于研究较厚的样品或是希望减少表面效应影响时使用。

波长的改变代表光子能量的改变，对于半导体的拉曼散射，其主要效果是，当入射光子能量E_{i}改变至与半导体电子能隙E_{g}相等时，就会出现共振拉曼散射现象，此时散射截面会显著增加，导致拉曼散射强度的极大增强。这种现象被称为共振拉曼散射，它的出现使得原本信号很弱的多声子光谱能够被观察到，为人们研究物质提供了更多的机会。伴随着共振拉曼散射，有一个有趣的现象：拉曼散射的频率不随着激发光波长的改变而改变。这一普适特征在三维大尺寸体系中已被广泛证实，但在低维纳米体系的共振拉曼光谱中却观察到了与之相反的现象。这种现象的出现可以通过共振尺寸选择效应来解释。当共振的激发波长与材料的电子能级相等或相近时，会选择对应于特定尺寸样本的共振电子能级，而该尺寸样本的拉曼光谱只来自该尺寸的碳纳米管或其他纳米材料。由于样品可能存在尺寸分布，不同波长的激光激发的共振散射会来自不同直径的纳米材料，因此相应出现的拉曼频率也会不同，导致了这一“反常”的现象。共振尺寸选择效应已在非极性的碳纳米管和硅纳米线中得到验证，并出现了拉曼频率普适特征的“反常”现象。基于这一观察，可以推测类似的实验现象在其他具有尺寸分布和量子限制效应的纳米材料的共振拉曼散射中，也会被观察到。这为人们进一步探索纳米材料的

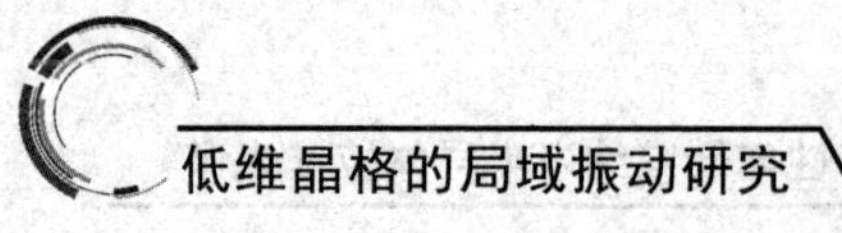

光学性质和结构提供了新的思路和研究方向。通过对这些现象的深入研究，人们可以更好地理解纳米材料的特性和行为，为纳米技术的发展和应用提供更多的支持和指导。

10.2 入射激光偏振改变的拉曼谱

在拉曼光谱学中，入射激光的偏振状态对拉曼散射光谱产生了显著影响，提供了一种独特的手段来探索样品的对称性和各向异性等性质。通过改变入射激光偏振方向，并观察拉曼散射强度的变化，可以深入理解材料内部的电子行为和声子行为，以及它们之间的相互作用机制。拉曼散射过程本质上涉及光子与物质相互作用引发的能量和动量交换。当光子与样品中的分子或晶体格点相互作用时，入射光的偏振状态可以影响散射光的强度和偏振特性，这种现象尤其在晶体材料和具有明显各向异性的材料中更为明显。例如，在具有特定晶体对称性的材料中，某些振动模式的拉曼活性可能依赖于光的偏振方向，这与材料的对称性原理密切相关。通过系统地改变入射激光的偏振方向，分析不同偏振条件下拉曼光谱线的强度和形状变化，研究人员可以识别材料中的特定振动模式。这些振动模式反映了材料的电子结构、化学键性质以及原子排列方式。例如，对于具有各向异性的二维材料，如石墨烯或过渡金属二硫化物，拉曼散射光谱对入射光偏振的敏感性揭示了材料内部振动模式的方向依赖性，进而提供了有关材料对称性和电子态的宝贵信息。偏振拉曼光谱技术还可应用于研究分子取向和晶体取向，通过比较平行偏振光和垂直偏振光激发条件下的拉曼谱，可以推断分子在样品中的取向分布。对于具有复杂微观结构的复合材料和生物分子体系，这种技术尤为重要，它能够帮助人们揭示分子间的相互作用和微观环境的变化。偏振拉曼光谱的另一重要应用是在应力和应变分析中。在受到外部应力影响的晶体材料中，应力引起的晶格畸变会改变材料的拉曼散射特性，尤其是拉曼散射强度对入射光偏振的依赖性。因此，通过精确测量不同偏振条件下的拉曼谱，可以定量分析材料内部的应力分布情况，对于理解材料的力学性能和开发高性能器件具有重要意义。

拉曼散射是一种具有偏振特性的光学过程。晶体的对称性决定了其振动模的拉曼张量的对称性质以及散射光的偏振特性。因此，不同的晶体结构将对应不同的振动模和拉曼张量，从而决定了在实验中探测各个振动模所需要的特定几何配置。在实验中，确定了一定的几何配置后，就对应着确定了一定的入射和散射电场传播和振动方向之间的方位关系。已规定用符号$G_1\left(G_2G_3\right)G_4(G=x,y,z)$依次表示入射光的波矢、偏振和散射光的偏振、波矢方向。在实验中，通过固定晶体的方位，可以选择特定的几何配置来测量振动模的特定偏振谱。这种偏振谱测量要求待测样品的晶向在空间具有确定的方位。对于具有确定晶向的晶体结构，如超晶格和量子阱，偏振谱是其重要的光谱类型之一，因为可以通过调整实验几何配置来选择特定的偏振方向，从而获取更加精确和详细的信息。纳米材料样品本身大多没有确定的晶向，因此在过去的研究中很少使用偏振谱进行研究工作。由于纳米材料的晶体结构通常是各向同性的，没有明确定义的晶向，难以使用偏振谱来获取有关其振动模的详细信息，通常使用其他的光谱技术，如基础拉曼光谱，来研究其结构和性质。

10.3　入射激光强度改变的拉曼谱

不同的激光强度不仅能够影响拉曼信号的强度，更重要的是，它还能够影响样品的局部温度、激发态种群以及可能引发的非线性效应，进而对拉曼谱线的位置、宽度以及形状产生显著影响。这一效应在材料科学、化学和生物分子研究等多个领域中都有着不可忽视的作用和应用价值。激光强度对拉曼信号强度的影响较为直观。在一定范围内，增加激光强度会使拉曼信号线性增强，这是因为拉曼散射过程本质上是一个受激过程，其散射强度与入射光的光子数成正比。然而，当激光强度增加到一定程度时，可能会触发样品的光热效应，导致样品局部温度升高，从而影响拉曼散射过程。例如，在某些情况下，局部温度的升高会导致样品中的化学反应或物理状态改变，从而在拉曼谱中引入新的特征峰或改变已有峰的特性。激光强度的改变还可能影响样品中激发态种群的分布。在共振拉曼散射中，如果激发光与样品的电子跃迁能级相匹配，会导致共振效应的发生，从而显著增强拉曼信号。在这种情况下，激光强度的增加不仅会增强拉曼信号，还可能通过改变激发态种群的分布，进一步影响共振条件，导致拉曼峰位的移动。高激光强度还可能引起非线性效应，如产生多光子吸收、光致发光等现象。这些非线性效应会在拉曼谱中引入额外的信号，影响拉曼谱的解析。例如，多光子吸收可能导致样品中未被直接激发的能级参与散射过程，引入新的拉曼散射峰；而光致发光则可能在拉曼谱中引入宽阔的背景信号，干扰拉曼信号的检测。合理选择入射激光的强度对于获取准确的拉曼光谱至关重要。在实际的拉曼光谱测量中，需要仔细考虑激光强度对样品的潜在影响，尤其是在研究易受热影响或可能发生光化学反应的敏感样品时。通过合理选择激光强度，不仅可以避免样品的损伤和非期望的非线性效应，还能够确保拉曼信号的准确性和重复性。

微观和宏观光散射理论都表明，光散射的微分散射截面$\frac{d^2\sigma}{d\Omega d\boldsymbol{E}_0}$与入射光电场强度$\boldsymbol{E}_0$的平方$|\boldsymbol{E}_0|^2$成正比。因此，在其他实验条件不变时，增加测量点的电场强度$\boldsymbol{E}_0$，拉曼光谱的强度会增加。测量点的$\boldsymbol{E}_0$增加得较多时，拉曼光谱的频率、线宽和线形等特征也常常会发生变化。如果入射激光$\boldsymbol{E}_0$强度增强得非常大，如用脉冲激光器做光源，拉曼光谱本身的性质也将发生变化，出现所谓的非线性拉曼散射等现象。第一种现象和第三种现象的出现，是光散射本身性质的反映，而第二种现象，往往与样品因受激光加热而导致的样品本身结构和特性改变有关。

脉冲激光器在光谱实验中的运用带来了许多新的现象和挑战。除了常规的拉曼散射，还出现了非线性拉曼散射等现象，这些变化反映了光散射本身的性质。然而，其中一些现象也与样品的结构和特性的变化有关，通常是由激光加热导致的。现如今，拉曼光谱实验通常在显微拉曼光谱仪上进行。相比于传统的大光路光谱仪，显微拉曼光谱仪在样品上的激光照明光斑只有 1 μm^2 左右。这种小光斑可以使用同样输出功率的激光，在样品上的功率密度提高成百上千倍。因此，对测量点的激光功率密度进行强烈改变和极大增强成为相对容易的事情。特别是在研究低维纳米材料时，显微激光拉曼光谱是首选手段之一。许多低维纳米材料都是分散的粉状体，而且往往数量有限。因此，通过显微激光拉曼光谱研究纳米材料的加热和温度效应变得尤为重要。在低维纳米体系中，通过改变入射激光强度来研究拉曼光谱特征变化的系统性研究已经开始，并且在碳纳米管等领域取得了一定的成果。这些研究成果引起了人们的广泛关注，并为深入理解纳米材料的结构和特性提供了新的视角。

第11章　样品尺寸、形状、成分和结构与低维纳米半导体拉曼光谱

样品的尺寸和形状是物体外在的几何因素，对三维大尺寸物体的物理性质和拉曼光谱没有影响，但对低维小尺寸物体却有本质性影响。这是因为在纳米尺度下，量子效应和表面效应开始显现，导致许多物理性质的变化，如电子输运、光学性质等。因此，低维小尺寸物体的拉曼光谱往往呈现出与大尺寸物体截然不同的特征，这对于理解其内部结构和性质至关重要。相比之下，样品的成分和结构则是物体的内在要素，对于大尺寸物体的物理性质和拉曼光谱同样具有重要影响。在低维拉曼光谱中，成分和结构的变化可以导致拉曼峰位置、强度和形状的改变，从而提供关于物体化学成分、结晶结构和分子排列方式的宝贵信息。因此，在研究低维纳米材料时，除了考虑尺寸和形状的影响外，还要考虑样品的成分和结构，需要综合考虑其对拉曼光谱的影响，以更全面地理解样品的性质和行为。

11.1　样品尺寸对低维拉曼光谱的影响

随着材料尺寸的减小到纳米尺度，量子限域效应开始显著，导致材料的电子结构和光学性质发生根本改变。这种尺寸依赖性在拉曼光谱中

表现得尤为明显，为研究低维材料的物理性质提供了一个强有力的工具。

对于低维材料，如量子点、纳米线和二维材料等，当其尺寸降低至与激发电子的德布罗意波长相当时，电子和空穴的运动受到限制，导致能带的离散化。这一过程改变了材料的声子模式，尤其是那些与电子相互作用强烈的光学声子模式。在拉曼光谱中，这种改变表现为拉曼峰的频率移动、强度变化以及线型的调制。对于量子点，随着尺寸的减小，其拉曼峰会发生明显的蓝移，这主要归因于量子限域效应增强导致的声子频率的提高。同时，量子点的表面原子与内部原子的比例显著增加，表面原子的振动模式对拉曼谱的贡献变得更加重要，可能导致新的拉曼活性模式的出现。此外，量子点中电子—声子相互作用的改变也会导致拉曼散射截面的变化，进而影响拉曼峰的强度。

对于纳米线和二维材料，其拉曼光谱的尺寸效应同样显著。在纳米线中，尺寸的减小不仅影响其径向的量子限域效应，还可能导致弹性应变效应，这会进一步影响拉曼峰的位置和形状。二维材料，如石墨烯、过渡金属二硫化物等，在向单层过渡时，由于减小的维度和增加的表面效应，其光学声子的行为会有显著变化，这在拉曼光谱中体现为 G 峰和 2D 峰等特征峰的变化。样品尺寸对拉曼光谱的影响还受到样品表面状态、化学环境以及基底效应的共同作用。这些因素可能会导致额外的应力或电荷转移，进而影响拉曼峰的位置和强度。因此，拉曼光谱分析需要综合考虑尺寸效应以及其他可能的影响因素。

描写低维纳米结构的尺寸参数，对于超晶格、量子阱，主要是阱层厚度 d_1、垒层厚度 d_2 和超晶格的周期 $d = d_1 + d_2$；对于纳米材料，则主要是纳米线的线径 D 和纳米粒子的直径 R。低维纳米结构尺寸变化对低维拉曼光谱的影响主要表现在频率、线宽、线形和选择定则等方面。

在低维纳米体系中，只有超晶格和碳纳米管的偏振拉曼谱才有实际的测量意义。

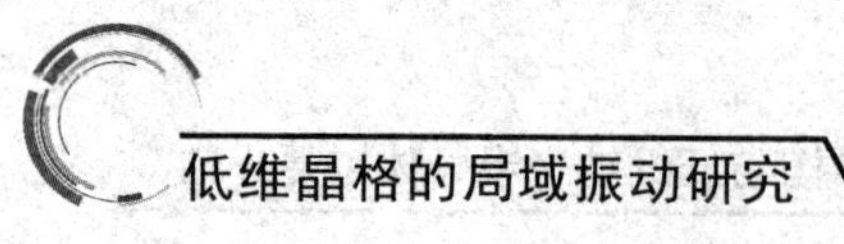

11.2 样品形状对低维拉曼光谱的影响

样品形状对低维拉曼光谱的影响体现了材料微观结构与其拉曼散射性能之间的复杂联系。在低维材料中，形状不仅影响其量子限域效应，还决定了声子模式的分布和电子—声子相互作用的强度，从而使拉曼光谱中展现出独有的特征。在量子点、纳米线、纳米带以及二维材料等低维系统中，样品形状的变化能够引起拉曼散射特性的显著变化。量子点的球形、棒形或板状结构，纳米线的直径、长度及其弯曲程度，以及二维材料的层状结构和边缘形态，都是影响其拉曼光谱特性的关键因素。对于量子点，形状的不同导致电子和空穴的空间限域状态发生变化，进而影响其能级分裂和电子态密度。这种差异在拉曼光谱中表现为拉曼活性振动模式频率的移动，以及拉曼散射截面的改变。特别是，在非球形量子点中，由于各向异性的增强，可能导致新的振动模式出现，进一步丰富拉曼光谱的信息内容。纳米线和纳米带的形状，如长度、直径和宽度的变化，不仅影响其机械性质，还影响其光学和电学性质。在拉曼光谱中，纳米线的形状影响了声子的分散关系，尤其是在纳米线的自由振动模式中更为明显。此外，纳米线的曲折或螺旋形状还能引入额外的应力，影响声子模式的频率和强度，使拉曼谱展现出与直线纳米线不同的特性。二维材料的形状效应则体现在其层状结构和边缘状态上。例如，石墨烯的边缘形态（如扶手椅型或锯齿型）对其拉曼散射特性有着深远的影响，这是因为边缘状态能够调制电子的局域化程度和边缘原子的振动模式。在二维过渡金属二硫化物中，层数的减少和边缘效应同样会导致拉曼散射峰的位置和强度的变化，反映了从体材料到单层材料过渡过程中电子结构和声子模式的演化。在分析样品形状对低维拉曼光谱的影响时，不仅要考虑形状本身的几何特征，还需考虑形状变化引起的内部应力、表面 / 边缘效应以及与基底的相互作用等多方面因素。通过精细地调控样品形状，可以实现对拉曼光谱特性的精确调节，这对于理解材料的物理性质、设计新型光电器件以及开发新的传感技术具有重要意义。

超晶格是一种特殊的结构，通常由两种或多种不同晶格常数的材料相互交错排列而成。这种结构常常具有周期性的重复单元，因而呈现出许多独特的物理性质和化学性质。在拉曼光谱学中，超晶格的形状对其光学性质有着直接的影响。GaAs/AlAs 超晶格是一种典型的平板层状结构，其具有尖锐的界面和确定的层厚。在理想情况下，它的势阱形状应当是方形的。然而，在实际生产过程中，由于各种因素的影响，如退火等处理过程，超晶格的形状可能会发生变化。这种形状变化往往通过 Al 原子的分布来表现。通过 X 射线衍射实验和分析计算，人们可以获得 Al 浓度随退火时间的变化情况，这直观地反映了结构形状的演化过程。随着退火时间的增加，超晶格的结构会发生变化，这主要是由于界面两侧的原子（或离子）之间的相互扩散。这种扩散现象会导致 Al 原子在超晶格内的分布发生变化，从而使得超晶格的形状偏离理想结构。图 11-1 清晰地展示了这一过程，Al 浓度随着退火时间的增加呈现出不同的分布特征，这直接反映了超晶格结构形状的变化。超晶格结构形状的变化对其光学性质具有重要影响，特别是在拉曼光谱学中。拉曼散射是一种敏感的光学技术，通过测量样品中散射光的频率变化，可以得到样品的结构信息。由于超晶格的结构形状影响着样品的光学性质，当超晶格的形状发生变化时，其拉曼光谱也会相应地发生变化。通过实验观察和理论分析，人们可以进一步研究超晶格形状变化对拉曼光谱的具体影响机制，这有助于人们深入理解超晶格的结构与性质之间的关系。在图 11-1 中，d_1 和 d_2 表示退火前原始的 GaAs 和 AlAs 的层厚，$d = d_1 + d_2$ 是超晶格的周期（d_1 表示超晶格中的第一种材料的层厚，d_2 表示超晶格中的第二种材料的层厚），d_0 表示界面厚度，原始界面层的 $d_0 = 0$。

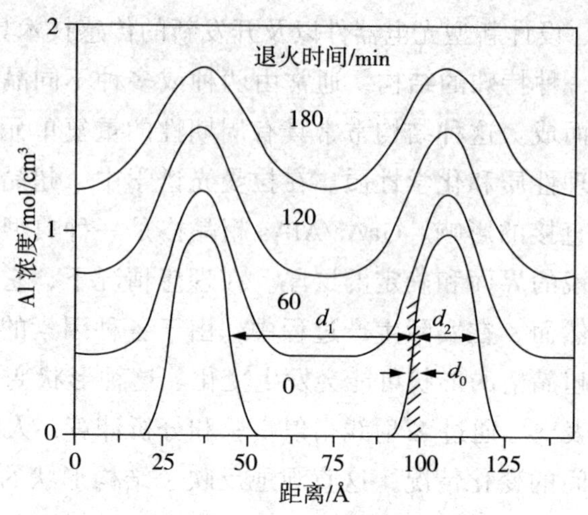

图 11-1　Al 浓度分布随退火时间的变化

11.3　样品成分和结构对低维拉曼光谱的影响

在低维小尺寸体系中，如纳米材料、量子点等，成分和结构对拉曼光谱的影响具有独特的特点。相较于三维大尺寸体系，这些小尺寸体系通常具有更高的表面积—体积比，以及更强的表面效应和量子尺寸效应。因此，成分的微小变化和结构的微观调控都可能引起显著的拉曼光谱变化。例如，在纳米材料中，材料的成分掺杂、纳米结构的形貌和尺寸、晶格缺陷等都会对拉曼光谱产生明显的影响。通过对这些影响进行深入研究，可以更好地理解低维小尺寸体系的光学性质和结构特征，为其在纳米科技和光电应用领域的进一步开发提供重要参考。

11.3.1　组分的影响

Tu 和 Persans 的研究聚焦在由 I−VI 族半导体纳米晶构成的合金材料中各元素组分对拉曼光谱的影响上。他们的工作揭示了合金中元素组分的微小变化如何显著地影响拉曼光谱的特征。通过系统性地调控合金中不同元素的比例，研究人员能够观察到拉曼峰的频率、强度以及线宽等参数的变化，这些变化反映了合金结构和化学成分的微观变化。埋在玻璃内的尺寸为 10 nm 的 3 个不同组分 x 的 CdS_xSe_{1-x} 的拉曼光谱如图 11-2 所示，其中 200 cm^{-1} 和 300 cm^{-1} 的两个峰分别指认为类 CdSe 和类 CdS 振动模的拉曼峰。从图 11-2 中可以清楚地看到，两个模的频率随组分 x 有明显移动。

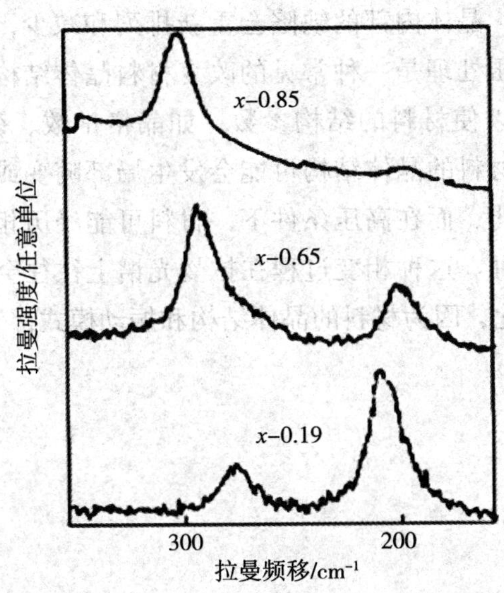

图 11-2　不同组分 x 的 CdS_xSe_{1-x} 纳米晶的拉曼光谱

11.3.2　杂质的影响

用目前工艺方法制备的纳米材料往往含有严重的杂质和结构缺陷，而这些缺陷的严重程度常常受到工艺方法的影响。以碳纳米管为例，使用催化法合成的碳纳米管相比于使用电弧法合成的，通常含有更多的杂质。催化法制备的碳纳米管通常会受到残留催化剂、金属颗粒和碳化物等杂质的影响，这些杂质会在碳纳米管的表面或内部引入缺陷。相比之下，使用电弧法合成的碳纳米管由于工艺条件不同，其杂质含量相对较低，结构缺陷也相对较少。因此，不同的制备方法会导致纳米材料的质量和性能存在差异，这需要在材料应用和研究中加以考虑和评估。

11.3.3 结构和缺陷的影响

材料的结构和缺陷通常在制备过程中形成，可以在材料制备完后通过改变外界环境来进行调控。改变外界环境的方法多种多样，其中退火和高压处理是常用的两种方法。退火工艺通过将材料加热至一定温度，并保持一段时间，减少结构缺陷，提高材料的结晶度和稳定性。这是因为在退火过程中，晶体内部的缺陷会重新排列和减少，从而改善晶体的结构完整性。高压处理是一种常见的改变材料晶体结构的方法。通过增加外界压力，可以使材料的结构参数，如晶格常数、键角等发生变化。在低压条件下，材料的晶体结构可能会发生局部畸变或调整，导致拉曼光谱特征发生变化；而在高压条件下，材料可能经历相变，从一种晶体结构转变为另一种。这种相变过程在拉曼光谱上往往会表现为峰位、强度甚至线型的变化，因为材料的晶体结构和振动模式都发生了显著变化。

参考文献

[1] 夏建白，朱邦芬 . 半导体超晶格物理 [M]. 上海：上海科学技术出版社，1995.

[2] 谢华清，奚同庚 . 低维材料热物理 [M]. 上海：上海科学技术文献出版社，2008.

[3] 陈亚孚，万春明，卢俊 . 超晶格量子阱物理 [M]. 北京：兵器工业出版社，2002.

[4] 陈义龙 . 穆斯堡尔效应与晶格动力学 [M]. 武汉：武汉大学出版社，2000.

[5] 蒋平，徐至中 . 固体物理简明教程 [M]. 上海：复旦大学出版社，2000.

[6] 邬学文，潘桢镛 . 新物理学辞典 [M]. 上海：上海科学技术出版社，1993.

[7] 冯端，师昌绪，刘治国 . 材料科学导论：融贯的论述 [M]. 北京：化学工业出版社，2002.

[8] 张光寅，蓝国祥 . 晶格振动光谱学 [M]. 北京：高等教育出版社，1991.

[9] 王华，魏永刚 . 晶格氧部分氧化甲烷制取合成气技术 [M]. 北京：冶金工业出版社，2009.

[10] 李一鸣，刘晶晶 . 层状超晶格 RE-Mg-Ni 系储氢合金 [M]. 北京：冶金工业出版社，2023.

[11] 徐权，王玉玲 . 晶格非线性振动中的局域模行为研究 [M]. 哈尔滨：哈尔滨工程大学出版社，2019.

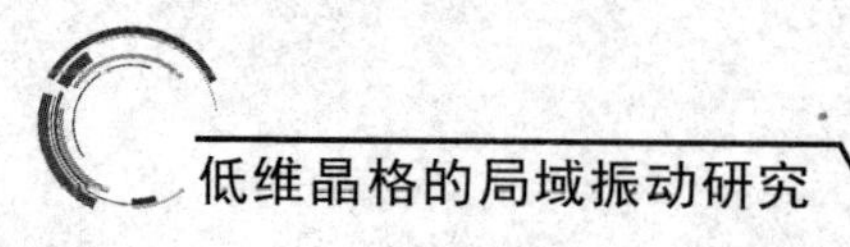

[12] 康昌鹤，杨树人 . 半导体超晶格材料及其应用 [M]. 北京：国防工业出版社，1995.

[13] 盛篪，蒋最敏，陆昉，等 . 硅锗超晶格及低维量子结构 [M]. 上海：上海科学技术出版社，2004.

[14] 史雅童 . 低维氧化锡表面性质调控及其敏感性能研究 [D]. 郑州：郑州轻工业大学，2023.

[15] 韩锐 . 低维自旋—轨道耦合超流费米气体在光晶格中的相图和动力学激发谱的理论研究 [D]. 青岛：青岛大学，2023.

[16] 张棣 . 时间周期场下低维晶格体系的拓扑性质研究 [D]. 北京：北京邮电大学，2023.

[17] 曾凯悦 . 低维量子磁体自旋关联性质的核磁共振研究 [D]. 合肥：中国科学技术大学，2023.

[18] 董海宽 . 碳基低维纳米材料热输运性质的分子动力学模拟 [D]. 北京：北京科技大学，2023.

[19] 吴新栋，张潮，刘晓霖 . 钙钛矿及类钙钛矿热致变色单晶材料的研究进展 [J]. 人工晶体学报，2022，51（6）：1099-1109.

[20] 段倩辉 . 低维过渡金属氧化物的磁性研究 [D]. 杭州：杭州师范大学，2022.

[21] 翟文雅 . 具有低维结构的 Zintl 相热电材料的声子输运研究 [D]. 开封：河南大学，2022.

[22] 万强 . 对称性和莫尔超晶格对低维狄拉克材料电子能带结构的调控 [D]. 武汉：武汉大学，2022.

[23] 张驰 . 低维金属硫化物的电子结构和磁性及其调控的理论研究 [D]. 徐州：中国矿业大学，2022.

[24] 尹慧玲 . 有机枝杈型低维晶态结构的控制合成及其光子学研究 [D]. 淄博：山东理工大学，2022.

[25] 樊金泽，方展伯，罗超杰，等 . 低维材料中的电荷密度波 [J]. 物理学报，2022，71（12）：139–161.

[26] 赵成城，李家发 . 半导体材料中的多光子吸收效应研究进展 [J]. 激光与红外，2022，52（2）：147–153.

[27] 孙兴丹 . 基于低维材料的器件构筑与电输运性能研究 [D]. 合肥：中国科学技术大学，2021.

[28] 蒋祥倩，李玲，班春成，等 . 碲化铋基低维氮化硼纳米复合材料的制备及其热电性能研究 [J]. 黑龙江大学工程学报，2021，12（3）：155–163.

[29] 高艺璇 . 几种低维碳基材料结构与拓扑物性的理论计算研究 [D]. 北京：中国科学院大学，2021.

[30] 常璐璐 . 光场调控下低维材料的输运特性研究 [D]. 南昌：华东交通大学，2021.

[31] 屈莉莉 . 低维锰 / 钌氧化物外延异质多层膜中自旋序及磁各向异性的调控 [D]. 合肥：中国科学技术大学，2021.

[32] 李金鸿 . 低维非线性晶格的涨落定理 [D]. 厦门：厦门大学，2021.

[33] 赵鸿，王矫，张勇，等 . 低维晶格系统能量传导与扩散研究 [J]. 中国科学：物理学　力学　天文学，2021，51（3）：36–153.

[34] 成书杰 . 低维量子系统的拓扑性质 [D]. 金华：浙江师范大学，2020.

[35] 江建华 . 新型低维过渡金属氟磷酸盐的水热合成与磁学性能 [D]. 镇江：江苏科技大学，2020.

[36] 郑永光 . 光晶格中低维系统量子临界性及自旋模型的显微学研究 [D]. 合肥：中国科学技术大学，2022.

[37] 郑厚植 . 一代宗师　德厚流光：纪念黄昆先生诞辰 100 周年 [J]. 物理，2019，48（8）：507–509.

[38] 朱思新 . 低维Ⅲ – Ⅴ族半导体及二维 WSe_2 材料的声子和激子特性研究 [D]. 北京：中国科学院大学，2019.

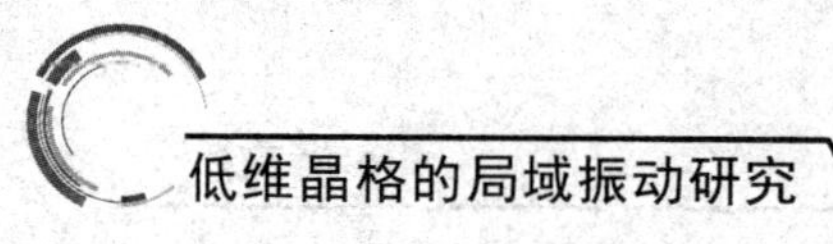

[39] 张进．低维材料激发态动力学性质的第一性原理研究 [D]. 北京：中国科学院大学，2019.

[40] 乔志华．低维拓扑绝缘相和相变的研究 [D]. 太原：山西大学，2019.

[41] 白巍．几种低维三元硫属化合物单晶的电子结构研究 [D]. 合肥：中国科学技术大学，2019.

[42] 孙潇．低维 BiOCl 晶面调控及其与 $Bi_2O_2CO_3$ 复合对光催化性能的影响 [D]. 合肥：安徽大学，2019.

[43] 王健豪．低维 WTe_2 和 $TiSe_2$ 材料的电子结构研究 [D]. 北京：北京邮电大学，2018.

[44] 刘宇航．AlGaN 及其低维结构中价带结构及其调制研究 [D]. 芜湖：安徽工程大学，2018.

[45] 孔鹏．低维晶格体系中的微热流调控 [D]. 湘潭：湘潭大学，2018.

[46] 孙燕．低维材料的磁性与磁光研究 [D]. 合肥：中国科学技术大学，2018.

[47] 陈建勇．热电效应的应用及热电优值提高策略 [J]. 物理通报，2017（8）：123-125.